车工工艺与技能训练

主　编　邓祖财

副主编　杨侯刚　陈仁平　沈桂雨

西南财经大学出版社

中国·成都

图书在版编目(CIP)数据

车工工艺与技能训练/邓祖财主编;杨侯刚,陈仁平,沈桂雨副主编.—成都:西南财经大学出版社,2023.5
ISBN 978-7-5504-5704-1

Ⅰ.①车… Ⅱ.①邓…②杨…③陈…④沈… Ⅲ.①车削—中等专业学校—教材 Ⅳ.①TG510.6

中国国家版本馆 CIP 数据核字(2023)第 039683 号

车工工艺与技能训练

CHEGONG GONGYI YU JINENG XUNLIAN

主　编　邓祖财
副主编　杨侯刚　陈仁平　沈桂雨

策划编辑:王琳
责任编辑:刘佳庆
责任校对:植苗
封面设计:张姗姗
责任印制:朱曼丽

出版发行	西南财经大学出版社(四川省成都市光华村街55号)
网　　址	http://cbs.swufe.edu.cn
电子邮件	bookcj@ swufe.edu.cn
邮政编码	610074
电　　话	028-87353785
照　　排	四川胜翔数码印务设计有限公司
印　　刷	郫县犀浦印刷厂
成品尺寸	185mm×260mm
印　　张	8.25
字　　数	181 千字
版　　次	2023 年 5 月第 1 版
印　　次	2023 年 5 月第 1 次印刷
印　　数	1— 2000 册
书　　号	ISBN 978-7-5504-5704-1
定　　价	28.00 元

本书编委会名单

主　编　邓祖财

副主编　杨候刚　陈仁平　沈桂雨

审稿人　刘海洋

编委会　邓祖财　杨候刚　陈仁平　沈桂雨
　　　　童李发　唐天亮　谭　琦　赵光辉
　　　　林厚亚　李　斌

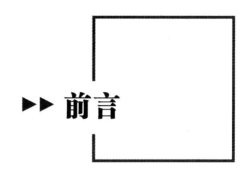

▶▶ 前言

本书依据教育部 2014 年颁布的《中等职业学校数控技术应用专业教学标准》，并参照相关的国家职业技能标准编写而成。通过对本书的学习，学生可掌握车削的基本知识及操作技能，会查阅相关技术手册和标准，能正确使用和维护车床，能规范化使用车床完成台阶轴、轴承套、圆锥轴、单球滚花手柄、三角螺纹轴、梯形螺纹轴的加工任务。本书的编写团队吸收企业技术人员参与教材编写，紧密结合工作岗位要求，与职业岗位对接，选取的案例贴近生活、贴近生产实际，将创新理念贯彻到内容选取、体例安排等方面。

本书在编写时努力贯彻教育部教学改革的有关精神，严格依据教学标准的要求，努力体现以下特色：

（1）本书根据中等职业学校数控技术应用专业的特点编写。在内容选取上贯彻少而精，以操作能力的培养为原则，内容更简洁、实用。应用部分加强针对性和实用性，注重"教与做"的密切结合和学生在技能训练方面的能力培养，在教材内容编排上与生产实际紧密联系，选用较为先进、典型的实例，使学生获得实用的技能知识。为便于学生阅读理解和适应考核需要，本书配以大量图示和表格，充分体现了"学中做、做中学"的原则，展现出理论知识以"实用为主、够用为度"的特色。

（2）打破原有学科体系框架，变学科本位为职业能力本位，对车工工艺与技能训练的相关知识和技术进行重构，力求课程教学目标与生产实践相统一，使学生对知识的掌握和理解更贴近实际，最终实现课程培养目标。

（3）以技能训练为主，理论知识为辅。删除烦琐深奥的理论知识，简化常用量具的测量原理，并降低其难度。

（4）遵循中等职业学校学生的认知规律，坚持以学生为本的原则。本书在编写过程中充分考虑学生的实际情况，对不同水平的学生提出不同要求，力求达到因材施教、分层教学的目的。

（5）以培养技能型人才为目标，依据学生未来就业岗位所需的基本知识和技能，精心选择实现课程目标的实例，从而使学生在进入企业后能够较快地胜任机械加工工作。

最后，对本书存在的不足之处，恳请广大读者不吝赐教。

编者

2023 年 1 月

▶▶ 目录

车工工艺与技能训练

项目一

车床认知

1.1 项目描述

车床主要用于回转类零件（车外圆、车端面、车螺纹等）的加工，主要由床身、主轴、主轴箱、刀架、尾座等组成。

通过本项目的实施，学生对车床能有全面的认知，可根据车床结构图（见图1-1），写出机床各部件名称及作用。

图1-1 车床结构图

1.2　项目目标

1.2.1　知识目标

（1）掌握车床型号、规格，车床主要部件的名称和作用。

（2）掌握车床各部件传动系统。

（3）掌握车床维护、保养及文明生产和安全技术的知识。

1.2.2　能力目标

（1）能正确识读车床型号，说出车床主要部件的名称和作用。

（2）能画出车床传动路线图。

（3）能遵守安全文明生产规章制度。

（4）能进行车床维护和保养。

1.2.3　素质素养目标

培养学生严谨踏实的工作作风。

1.3　知识要点

1.3.1　车工安全操作规程

（1）穿好工作服，长发放在护发帽内，不得带手套进行操作。

（2）在车床主轴上装卸卡盘时，一定要停机后进行，不可利用电机的力量来取下卡盘。

（3）夹持工件的卡盘、拨盘最好使用防护罩，以免绞住衣服或身体的其他部分，如无防护罩，操作时应注意保持一定的距离。

（4）用顶尖装夹工件时，要注意顶尖中心与主轴中心孔应完全一致，不能使用破损或歪斜了的顶尖，使用前应将顶尖、中心孔擦干净，尾坐顶尖要顶牢。

（5）车细长工件时，为保正操作安全和加工质量，应使用中心架或跟刀架。超出车床范围的加工部分，应设置移动式防护罩和安全标志。

（6）车削形状不规则的工件时，应装平衡块，在试转平衡后再切削。

1.3.2.1 金属切削车床分类

按用途和结构的不同，车床主要分为卧式车床和落地车床、立式车床、转塔车床、单轴自动车床、多轴自动和半自动车床、仿形车床及多刀车床和各种专门化车床，如凸轮轴车床、曲轴车床、车轮车床、铲齿车床。在所有车床中，以卧式车床应用最为广泛。卧式车床加工尺寸公差等级可达 IT8~IT7，表面粗糙度 Ra 值可达 1.6 μm。近年来，计算机技术被广泛运用到机床制造业，随之出现了数控车床、车削加工中心等机电一体化的产品。

（1）普通车床：加工对象广，主轴转速和进给量的调整范围大，能加工工件的内外表面、端面和内外螺纹。这种车床主要由工人手工操作，生产效率低，适用于单件、小批生产和修配车间。（见图 1-2）

图 1-2　普通车床

（2）立式车床：主轴垂直于水平面，工件装夹在水平的回转工作台上，刀架在横梁或立柱上。适用于加工较大、较重、难于在普通车床上安装的工件，分单柱和双柱两大类。（见图 1-3）

图 1-3　立式车床

（3）转塔车床（见图 1-4）和回转车床：具有能装多把刀具的转塔刀架或回轮刀架，能在工件的一次装夹中由工人依次使用不同刀具完成多种工序，适用于成批生产。

图 1-4　转塔车床

（4）自动车床：按一定程序自动完成中小型工件的多工序加工，能自动上下料，能重复加工一批同样的工件，适用于大批、大量的生产。（见图 1-5）

图 1-5　自动车床

（5）专门化车床：加工某类工件的特定表面的车床，如曲轴车床、凸轮轴车床、车轮车床、车轴车床、轧辊车床和钢锭车床等。

（6）组合车床：主要用于车削加工，添加一些特殊部件和附件后还可进行镗、铣、钻、插、磨等加工，具有"一机多能"的特点，适用于工程车、船舶或移动修理站上的修配工作。（见图 1-6）

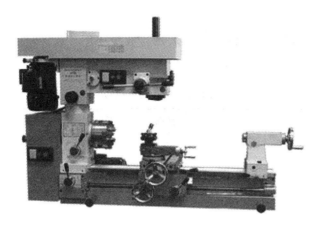

图 1-6　组合车床

（7）数控车床：数控机床是一种通过数字信息控制机床，按给定的运动轨迹自动加工出所需工件的机电一体化的加工装备。它集通用性好的万能型车床、加工精度高的精密型车床和加工效率高的专用型车床的特点于一身。（见图1-7）

图 1-7　数控车床

1.3.2.2　机床型号

机床型号是机床产品的代号，它简明地表示机床的类别、主要技术参数、结构特性等。按《金属切削机床型号编制办法》（GB/T15375—2008）国家标准，机床型号由汉语拼音字母及阿拉伯数字组成。型号中字母及数字的含义如图1-8所示。

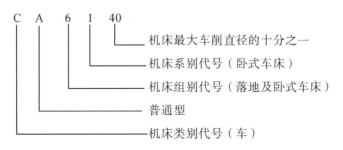

图 1-8　机床型号

1.3.2.2.1 机床的类代号

机床的类代号是用大写的汉语拼音表示，如车床用"C"表示，钻床用"Z"表示。具体的常见类代号如表 1-1 所示。

表 1-1　机床的类代号

类别	车床	钻床	磨床			铣床	刨插床	拉床	锯床	镗床	其他机床
代号	C	Z	M	2M	3M	X	B	L	G	T	Q
读音	车	钻	磨	二磨	三磨	铣	刨	拉	割	镗	其

1.3.2.2.2 机床的特性代号

机床的特性代号，包括通用特性代号和结构特性代号，用大写的汉语拼音字母表示，位于类代号之后。

（1）通用特性代号

当某类型机床除有普通型外，还有某种特性时，则在类代号之后加通用特性代号予以区分。机床的通用特性代号及读音（见表 1-2）。

表 1-2　机床通用特性代号

通用特性	高精密	精密	自动	半自动	数控	加工中心（自动换刀）	仿行	轻型	加重型	简式或经济型	高速
代号	G	M	Z	B	K	H	F	Q	C	J	S
读音	高	密	自	半	控	换	仿	轻	重	简	速

（2）结构特性代号

对主参数值相同而结构、性能不同的机床，在型号中加结构特性代号予以区别。当型号中有通用特性代号时，结构特性代号应排在通用特性代号之后。通用特性代号已用的字母和"I，O"两个字母均不能用作结构特性代号。当字母不够用时，可将两个字母组合起来使用，如 AD，AE 等。例如，CA6140 型普通车床型号中的"A"，可理解为：CA6140 型普通车床在结构上区别于 C6140 型普通车床。

1.3.2.2.3 机床的组、系代号

每类机床划分为十个组，每个组又划分为十个系，用阿拉伯数字 0~9 表示，位于类代号或通用特性代号之后。CA6140 普通车床属于落地及卧式车床组，系代号 1 表示卧式车床系（见表 1-3）。

表 1-3 机床的组代号（截选）

类/组别		0	1	2	3	4	5	6	7	8	9
车床		仪表车床	单轴自动，半自动车床	多轴自动，半自动车床	回轮，转塔车床	曲轴及凸轮轴车床	立式车床	落地及卧式车床	仿形及多刀车床	轮、轴、辊、锭及铲齿车床	其他车床
钻床		—	坐标镗钻床	深孔钻床	摇臂钻床	台式钻床	立式钻床	卧式钻床	铣钻床	中心孔钻床	—
镗床		—	—	深孔镗床	—	坐标镗床	立式镗床	卧式铣镗床	精镗床	车辆修理用镗床	—
磨床	M	仪表磨床	外圆磨床	内圆磨床	砂轮机	坐标磨床	导轨磨床	刀具刃磨床	平面及端面磨床	曲轴类磨床	工具磨床
	2M	—	超精机	内圆研磨机	外圆及其他研磨机	抛光机	砂带抛光及磨削机床	刀具刃磨及研磨机床	可转位刀片磨削机床	研磨机	其他磨床
	3M	—	球轴承套圈沟磨床	滚子轴承套圈滚道磨床	轴承套圈超精机床	—	叶片磨削机床	滚子加工机床	钢球加工机床	活塞及活塞环磨削机床	汽车、拖拉机修磨机床

1.3.2.2.4　机床的主参数和第二主参数

机床主参数代表机床规格的大小，在机床型号中，用数字给出主参数的折算系数值（1/10 或 1/100），详见表 1-4。

表 1-4　机床的主参数和折算系数

机床	主参数名称	主参数折算系数	第二主参数
卧式车床	床身上最大回转直径	1/10	最大工件长度
立式车床	最大车削直径	1/100	最大工件高度
摇臂钻床	最大钻孔直径	1/1	最大跨距
卧式镗铣床	镗轴直径	1/10	—
坐标镗床	工作台面宽度	1/10	工作台面长度
外圆磨床	最大磨削直径	1/10	最大磨削长度
内圆磨床	最大磨削孔径	1/10	最大磨削深度
矩台平面磨床	工作台面宽度	1/10	工作台面长度
齿轮加工机床	最大工件直径	1/10	最大模数
龙门铣床	工作台面宽度	1/100	工作台面长度
升降台铣床	工作台面宽度	1/10	工作台面长度

表1-4(续)

机床	主参数名称	主参数折算系数	第二主参数
龙门刨床	最大刨削宽度	1/100	最大刨削长度
插床及牛头刨床	最大插削及刨削长度	1/10	—
拉床	额定拉力（t）	1/1	最大行程

第二参数：一般是主轴数、最大跨距、最大工作长度、工作台工作面长度等，它也用折算值表示。

1.3.2.3　卧式车床的主要结构

卧式车床的主要结构见图1-9。

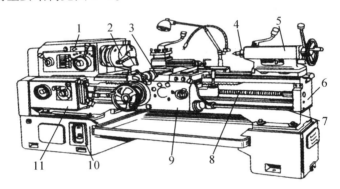

1——主轴箱；2——卡盘；3——刀架；4——后顶尖；5——尾座；6——床身；

7——光杠；8——丝杠；9——床鞍；10——底座；11——进给箱

图1-9　卧式车床

（1）主轴部分

主轴箱内有多组齿轮变速机构，变换箱外手柄位置，可以使主轴得到各种不同的转速。卡盘用来夹持工件，带动工件一起旋转。

（2）挂轮箱部分

它的作用是把主轴的旋转运动传送给进给箱。变换箱内齿轮，并和进给箱及长丝杠配合，可以车削各种不同螺距的螺纹。

（3）进给部分

①进给箱：利用它内部的齿轮传动机构，可以把主轴传递的动力传给光杠或丝杠，得到各种不同的转速。

②丝杠：用来车削螺纹。

③光杠：用来传动动力，带动床鞍、中滑板，使车刀做纵向或横向的进给运动。

（4）溜板部分

①溜板箱：变换箱外手柄位置，在光杠或丝杠的传动下，可使车刀按要求方向做进给运动。

②滑板：分床鞍、中滑板、小滑板三种。床鞍做纵向移动、中滑板做横向移动，

小滑板通常做纵向移动。

③刀架：用来装夹车刀。

（5）尾座：用来安装顶尖、支顶较长工件，它还可以安装其他切削刀具，如钻头、绞刀等。

（6）床身：用来支持和安装车床的各个部件。床身上面有两条精确的导轨，床鞍和尾座可沿着导轨移动。

（7）三爪自定心卡盘：是车床上应用最为广泛的一种通用夹具，主要由外壳体、三个卡爪、三个小锥齿轮、一个大锥齿轮等零件组成，三只卡爪均匀分布在卡盘的圆周上，能同步沿径向移动，实现对工件的夹紧或松开，并能自动定心。带动工件随主轴一起旋转，实现主运动。安装工件快捷、方便，但是加紧力不如单动四爪卡盘大。一般用于精度要求不是很高，形状规则的中、小工件的安装。卡盘前段是通过连接盘与车床主轴连为一体的。

（8）四爪单动卡盘：四只卡爪沿圆周方向均匀分布，卡爪能逐个单独径向移动，夹紧力大，但校正工件位置时麻烦、费时，适于单件、小批量生产中装夹非圆形工件。

（9）中心架和跟刀架：在车削细长轴时，为增加工件刚性，防止工件震动，采用中心架或跟刀架，作为附加支承。

车床的通用性好，可完成各种回转表面、回转体端面及螺纹面等表面加工，是一种应用最广泛的金属切削机床。

1.3.2.4 车床的传动系统

以 CA6140 型卧式车床为例，其传动系统原理框图（图 1-10）概要地表示了由电动机带动主轴和刀架运动所经过的传动机构和重要元件。

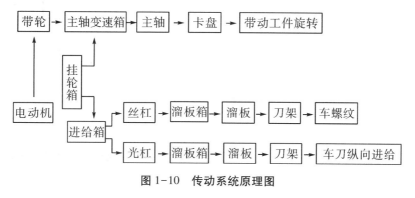

图 1-10 传动系统原理图

电动机经主轴变速箱内的主换向机构、主变速机构带动主轴转动；进给传动从主轴开始，经主轴变速箱内的进给换向机构、挂轮箱内交换齿轮和进给箱内的变速机构和转换机构、溜板箱中的传动机构和转换机构传至刀架。溜板箱中的转换机构起改变进给方向的作用，使刀架做纵向或横向、正向或反向进给运动。

1.3.3 维护与保养

为了保持车床正常运转和延长其使用寿命，应注意日常的维护保养。车床的摩擦部分必须进行润滑。

1．车床润滑的几种方式

（1）浇油润滑

浇油润滑通常用于外露的滑动表面，如床身导轨面和滑板导轨面等。

（2）溅油润滑

溅油润滑通常用于密封的箱体，如车床的主轴箱，它利用齿轮转动把润滑油溅到油槽中，然后输送到各处进行润滑。

（3）油绳导油润滑

油绳导油润滑通常用于车床进给箱的溜板箱的油池，它利用毛线吸油和渗油的能力，把机油慢慢地引到所需的润滑处，见图1-11（a）。

（4）弹子油杯注油润滑

弹子油杯注油润滑通常用于尾座和滑板摇手柄转动的轴承处。注油时，以油嘴把弹子按下，滴入润滑油，见图1-11（b）。使用弹子油杯的目的是防尘防屑。

（5）黄油（油脂）杯润滑

黄油（油脂）杯润滑通常用于车床挂轮架的中间轴。使用时，先在黄油杯中装满工业油脂，当拧进油杯盖时，油脂就挤进轴承套内，比加机油方便。使用油脂杯润滑的另一特点是：存油期长，不需要每天加油，见图1-11（c）。

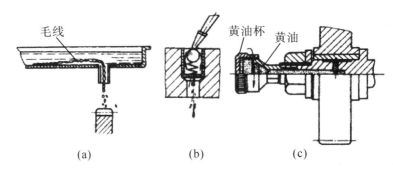

图1-11　车床润滑方式

（6）油泵输油润滑

油泵输油润滑通常用于转速高，润滑油需要量大的机构中，如车床的主轴箱一般都采用油泵输油润滑。

2．车床的润滑系统

为了对自用车床的正确润滑，现以C620-1型车床为例来说明润滑的部位及要求（见图1-12）。润滑部位用数字标出，图中除了1、4、5处的润滑部位用黄油进行润滑外，其余都使用30号机油。主轴箱的储油量，通常以油面达到油窗高度为宜。箱内齿轮用溅油法进行润滑，主轴后轴承用油绳导油润滑，车床主轴前轴承等重要润滑部位用往复式油泵供油滑。主轴箱上有一个油窗，如发现油孔内无油输出，说明油泵输油系统有故障，应立即停车检查断油原因，等修复后才可开动车床。主轴箱、进给箱和溜板箱内的润滑油一般三个月更换一次，换油时应在箱体内用煤油洗清后再加油。挂轮箱上的正反机构主要靠齿轮溅油润滑，油面的高度可以从油窗孔看出，换油期也是三个月一次。

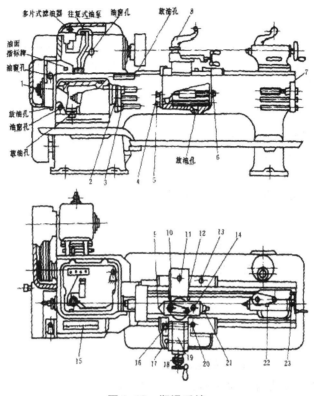

图 1-12　润滑系统

进给箱内的轴承和齿轮，除了用齿轮溅油法进行润滑外，还靠进给箱上部的储油池通过油绳导油润滑。因此，除了注意进给箱油窗内油面的高度外，每班还要给进给箱上部的储油池加油一次。溜板箱内脱落蜗杆机构用箱体内的油来润滑，油从盖板 6 中注入，其储油量通常加到这个孔的下面边缘为止。溜板箱内其他机构，用它上部储油池里的油绳导油润滑，润滑油由孔 16 和孔 17 注入。床鞍、中滑板、小滑板部分、尾座和光杠丝杠等轴承，靠油孔注油润滑，（见图 1-12 中标注 8～23 处和 2、3、7 处），每班加油一次。挂轮架中间齿轮轴承和溜板箱内换向齿轮的润滑（见图 1-12 中标注 1、4、5 处）每周加黄油一次，每天向轴承中旋进一部分黄油。

3. 车床的清洁维护保养要求

（1）每班工作后应擦净车床导轨面（包括中滑板和小滑板），要求无油污、无铁屑，并浇油润滑，使车床外表清洁和场地整齐。

（2）每周对车床三个导轨面及转动部位进行清洁、润滑，保持油眼畅通，油标油窗清晰，清洗护床油毛毡，并保持车床外表清洁和场地整齐等。

1.4 项目实施

任务编号：CG1-4-1	建议学时：6 学时
教学地点：	小组成员姓名：

一、任务工作（添加自己相关专业任务）

任务 1：车床由哪几部分组成？

任务 2：车床的传动路线是怎样的？请画出传动路线图

二、相关资源（添加自己需要的教学资源）

1.《机械加工》主编：李佳南　北京理工大学出版社　ISBN 978-7-5682-8005-7

（关键词查询相关网络资料）；

2. 进入中国机床网（www.jichuang360.com），浏览优秀作品

三、任务实施

1. 完成分组，4~6 人为一小组，选出组长；

2. 围绕车床基本要求，学生查询资料，进行整理和分析，提交报告；

3. 小组合作完成任务，选出代表进行汇报

四、任务成果

（一）任务完成过程简介（学生完成加工过程简述）

（二）任务创新点（学生完成加工过程简述）

（三）成果呈现

五、任务执行评价

任务评分标准

项目	指标	分值	测评方式			备注
			自我检测	学生互检	老师检测	
任务检测	车床型号 CA6140 的含义	20				
	车床主要部件名称及作用	40				
	车床传动路线图	20				
职业素养	遵守安全文明生产规章制度	10				
	车床维护及保养	10				
	合计	100				
学生心得						

老师综合评价:

日期: 年 月 日

项目二

车削基础知识

2.1 项目描述

指出图中各车刀的名称和用途（见图2-1）。

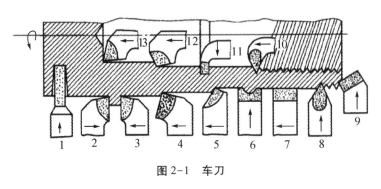

图2-1 车刀

2.2 项目目标

2.2.1 知识目标

（1）了解常用车刀的材料和种类。

（2）掌握车刀的几何角度。

（3）掌握车刀的刃磨方法与要领，能按照刀具的几何参数正确刃磨刀具。

2.2.2　能力目标

（1）能正确分辨车削的运动。
（2）能进行切削用量的简单计算。
（3）能根据不同材料和加工方式选用不同车刀。
（4）能正确地装夹车刀。

2.2.3　素质素养目标

培养学生专注仔细的工作作风。

2.3　知识要点

2.3.1　车削运动

车床的车削运动主要指工件的旋转运动和车刀的直线运动。车刀的直线运动又叫进给运动，进给运动分为纵向和横向进给运动。

（1）主运动：车削时形成切削速度的运动叫主运动。工件的旋转运动就是主运动。（见图2-2）

（2）进给运动：使工件多余材料不断被车去的运动叫进给运动。车外圆是纵向进给运动，车端面、切断、车槽是横向进给运动。（见图2-3）

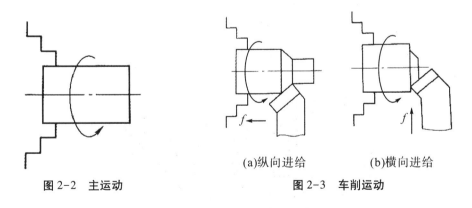

图2-2　主运动　　　　(a)纵向进给　　　　(b)横向进给

图2-3　车削运动

2.3.2　切削用量

2.3.2.1　工件上形成的表面

车刀切削工件，使工件上形成已加工表面、过渡表面和待加工表面。（见图2-4）

（1）已加工表面：工件上经刀具切削后产生的表面。

（2）过渡表面：工件上由切削刃形成的那部分表面。

（3）待加工表面：工件上有待切除的表面。

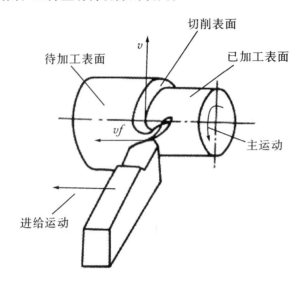

图 2-4　工件上形成的表面

2.3.2.2　切削用量的基本概念

（1）切削深度（a_p）

工件上已加工表面和待加工表面间的垂直距离，也就是每次进给时车刀切入工件的深度（单位 mm，见图 2-5）。车削外圆时的切削深度（a_p）可按下式计算：

$$a_p = \frac{d_w - d_m}{2}$$

式中：a_p——切削深度，单位 mm；

　　　d_w——工件待加工表面直径，单位 mm；

　　　d_m——工件已加工表面直径，单位 mm。

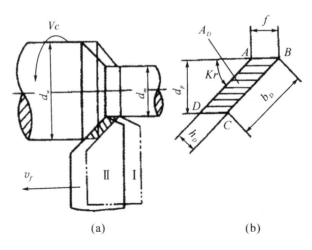

（a）　　　　　　　　　　　　　　（b）

图 2-5　切削深度和进给量

（2）进给量（f）

工件每转一周，车刀沿进给方向移动的距离（单位 mm/r）。

纵进给量：沿车床床身导轨方向的进给量。

横进给量：垂直于车床床身导轨方向的进给量。

（3）切削速度（Vc）

在进行切削时，刀具切削刃上的某一点相对于待加工表面在主运动方向上的瞬时速度。也可以理解为车刀在一分钟内车削工件表面的理论展开直线长度（单位 m/min），见图 2-6。

切削速度（Vc）的计算公式为

$$Vc = \frac{\pi d n}{1000}$$

或

$$Vc \approx \frac{dn}{318}$$

式中：Vc——切削速度，单位 m/min；

　　　d——工件直径，单位 mm；

　　　n——车床主轴转速，单位 r/min。

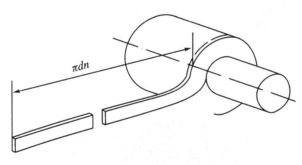

图 2-6　切削速度示意图

2.3.3　车刀

2.3.3.1　常用车刀的分类

车刀种类很多，一般按其结构形式或使用场合来进行分类。

（1）车刀按结构形式分为以下三种：

①整体式车刀：这类车刀的切削部分与夹持部分是由同一种材料制成的，常用的高速钢刀具即属此类。

②焊接式车刀：这类车刀的切削部分与夹持部分的材料完全不同，切削部分材料多以刀片形式焊接在刀杆上，常用的硬质合金车刀即属此类。

③机械夹固式车刀：这类车刀多在批量生产和自动化程度较高的场合使用，有机械夹固重磨式车刀和不重磨式车刀两种。

（2）车刀按使用场合可分外圆车刀、弯头外圆车刀、切断刀、内孔车刀、螺纹车刀、成形车刀等，见图2-7。

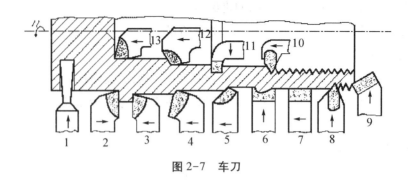

图 2-7　车刀

举例：

①90°车刀（外圆车刀）：又叫偏刀，主要用于车削外圆、阶台和端面，见图2-8。

图 2-8　90°车刀

②45°车刀（弯头车刀）：主要用来车削外圆、端面和倒角，见图2-9。

图 2-9　45°车刀

③切断刀：用于切断和切槽，见图2-10。

图 2-10　切断刀

④内孔车刀：用于车削内孔，见图2-11。

图2-11　内孔车刀

⑤成形车刀：用于车削成型面，见图2-12。

图2-12　成形车刀

⑥螺纹车刀：用于车削螺纹，见图2-13。

图2-13　螺纹车刀

2.3.3.2　车刀材料

（1）车刀材料的要求

在切削过程中，刀具的切削部分要承受很大的压力、摩擦力、冲击力和很高的温度。因此，刀具材料必须具备高硬度、高耐磨性、足够的强度和韧性，还需具有高的耐热性（红硬性），即在高温下仍能保持足够硬度的性能。

①高的硬度和耐磨性

刀具材料要比工件材料硬度高，常温硬度在HRC62以上；耐磨性表示材料抵抗磨损的能力，它取决于组织中硬质点的硬度、数量和分布。

②足够的强度和韧性

为了承受切削中的压力冲击和韧性，避免崩刀和折断，刀具材料应具有足够的强度和韧性。

③高耐热性

刀具材料在高温下保持硬度、耐磨性、强度和韧性的能力。

④良好的工艺性

为了便于制造，要求刀具材料有较好的可加工性，如切削加工性、铸造性、锻造性和热处理性等。

⑤良好的经济性

（2）常用的刀具材料

常用车刀材料主要有高速钢和硬质合金。

①高速钢

高速钢又称锋钢，是以钨、铬、钒、钼为主要合金元素的高合金工具钢。常用的高速钢牌号为 W18Cr4V 和 W6Mo5Cr4V2 两种。高速钢淬火后的硬度为 HRC63~67，其红硬温度 550℃~600℃，允许的切削速度为 25~30m/min。

高速钢有较高的抗弯强度和冲击韧性，可以进行铸造、锻造、焊接、热处理和切削加工，有良好的磨削性能，刃磨质量较高，故多用来制造形状复杂的刀具，如钻头、铰刀、铣刀等，亦常用作低速精加工车刀和成形车刀。高速钢按用途分为通用型高速钢和高性能高速钢；按制造工艺分为熔炼高速钢和粉末冶金高速钢。

a. 通用型高速钢

钨钢：典型牌号为 W18Cr4V，有良好的综合性能，可以制造各种复杂刀具。

钨钼钢：典型牌号为 W6Mo5Cr4V2，可做尺寸较小、承受冲击力较大的刀具；热塑性特别好，更适用于制造热轧钻头等；磨加工性好，目前各国广泛应用。

b. 高性能高速钢

高性能高速钢典型牌号为高碳高速钢 9W18Cr4V、高钒高速钢 W6MoCr4V3、钴高速钢 W6MoCr4V2Co8 和超硬高速钢 W2Mo9Cr4Co8 等，适合于加工高温合金、钛合金和超高强度钢等难加工材料。

c. 粉末冶金高速钢

用高压氩气或氮气雾化熔融的高速钢水，直接得到细小的高速钢粉末，高温下压制成致密的钢坯，而后锻压成材或刀具形状。粉末冶金高速钢适合于制造切削难加工材料的刀具、大尺寸刀具（如滚刀、插齿刀）、精密刀具、磨加工量大的复杂刀具、高动载荷下使用的刀具等。

②硬质合金

硬质合金是用高耐磨性和高耐热性的 WC（碳化钨）、TiC（碳化钛）和 Co（钴）的粉末经高压成形后再进行高温烧制而成的，其中 Co 起粘结作用，硬质合金的硬度为 HRA89~94（约相当于 HRC74~82），有很高的红硬温度。在 800℃~1000℃ 的高温下仍能保持切削所需的硬度，硬质合金刀具切削一般钢件的切削速度可达 100~300 m/min，可用这种刀具进行高速切削，其缺点是韧性较差、较脆、不耐冲击，硬质合金一般制成各种形状的刀片，焊接或夹固在刀体上使用。

常用的硬质合金有钨钴和钨钛钴两大类：

a. 钨钴类（K 类）

由碳化钨和钴组成，适用于加工铸铁、青铜等脆性材料。

常用牌号有 YG3、YG6、YG8 等（字母后面的数字表示含钴量的百分数），含钴量愈高，其承受冲击的性能就愈好。因此，YG8 常用于粗加工，YG6 和 YG3 常用于半精加工和精加工。

b. 钨钛钴类（P 类）

由碳化钨、碳化钛和钴组成，加入碳化钛可以增加合金的耐磨性，可以提高合金与塑性材料的粘结温度，减少刀具磨损，也可以提高硬度，但韧性差，更脆、承受冲击的性能也较差，一般用来加工塑性材料，如各种钢材。

常用牌号有 YT5、YT15、YT30 等（字母后面的数字表示碳化钛含量的百分数），碳化钛的含量愈高，红硬性愈好；但钴的含量相应愈低，韧性愈差，愈不耐冲击，所以 YT5 常用于粗加工，YT15 和 YT30 常用于半精加工和精加工。

c. 添加稀有金属硬质合金

钨钽（铌）钴类硬质合金（YA）和钨钛钽（铌）钴类硬质合金（YW 也称为 M 类），是在钨钴钛类硬质合金（YT）中加入 TaC（NbC），可提高其抗弯强度、疲劳强度和冲击韧性，提高和金的高温硬度和高温强度，提高抗氧化能力和耐磨性。这类合金可以用于加工铸铁及有色金属，也可用于加工钢材，因此常成为通用硬质合金，它们主要用于加工难加工的材料。

d. 碳化钛基硬质合金（YN）

这种合金有很高的耐磨性，有较高的耐热性和抗氧化能力，化学稳定性好，与工件材料的亲和力小，抗粘结能力较强，主要用于钢材、铸铁的精加工、半精加工和粗加工。

③其他材料

a. 陶瓷车刀

陶瓷车刀是将氧化铝粉末添加少量元素，再经由高温烧结而成，其硬度、抗热性、切削速度比碳化钨高，但是因为质脆，故不适用于非连续或重车削，只适合高速精车削。

b. 钻石刀具

钻石刀具分为人造和天然两种，是目前已知最硬的刀具，故其耐磨性好，不足之处是抗弯强度和韧性差，对铁的亲和作用大，故金刚石刀具不能加工黑色金属，在 800℃时，金刚石中的碳与铁族金属发生扩散反应，刀具急剧磨损。金刚石价格昂贵，刃磨困难，应用较少，主要用作制造磨具及磨料，有时用于修整砂轮。

c. 氮化硼

立方晶氮化硼（CBN）是近年来一种人工合成的新型刀具材料，硬度与耐磨性仅次于钻石，它的最大的优点是在高温 1200℃～1300℃时也不会与铁族金属起反应。因此，其既能胜任淬火钢、冷硬铸铁的粗车和精车，又能胜任高温合金、热喷涂材料、硬质合金及其他难加工材料的高速切削。

2.3.3.3 车刀的结构

（1）车刀切削部分的组成

车刀切削部分由前刀面、主后刀面、副后刀面、主切削刃、副切削刃和刀尖组成，见图2-14。

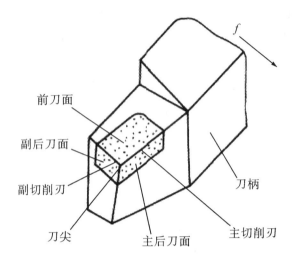

图2-14 车刀结构

①前刀面：刀具上切屑流过的表面。

②主后刀面：刀具上与工件上的加工表面相对着并且相互作用的表面，称为主后刀面。

③副后刀面：刀具上与工件上的已加工表面相对着并且相互作用的表面，称为副后刀面。

④主切削刃：刀具上前刀面与主后刀面的交线称为主切削刃。

⑤副切削刃：刀具上前刀面与副后刀面的交线称为副切削刃。

⑥刀尖：主切削刃与副切削刃的交点称为刀尖。刀尖实际是一小段曲线或直线，称修圆刀尖和倒角刀尖。

⑦修光刃：副切削刃靠近刀尖的一小段平直的切削刃称修光刃，安装时必须使修光刃与进给方向平行，且修光刃长度必须大于进给量，才能起到修光作用，见图2-15。

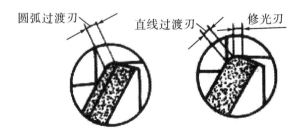

图2-15 硬质合金外圆车刀

（2）车刀切削部分的主要角度

①测量车刀切削角度的辅助平面

为了确定和测量车刀的几何角度，需要选取三个辅助平面作为基准，这三个辅助平面是切削平面、基面和正交平面，见图2-16。

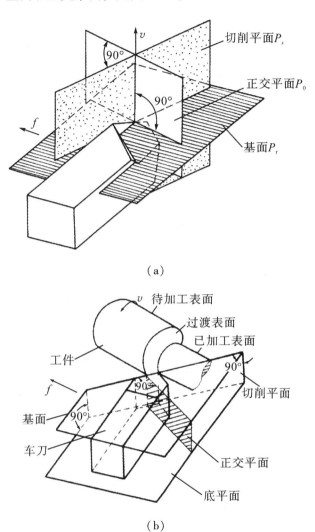

（a）

（b）

图2-16　测量车刀的辅助平面

①切削平面 P_s：切削平面是切于主切削刃某一选定点并垂直于刀杆底平面的平面。

②基面 P_r：基面是过主切削刃某一选定点并平行于刀杆底面的平面。

③正交平面 P_0：也称主剖面，是垂直于切削平面又垂直于基面的平面。

可见这三个坐标平面相互垂直，构成一个空间直角坐标系。

②车刀的主要角度及其作用，见表2-1、图2-17。

表 2-1　车刀的主要角度

车刀角度名称	测量基面	作用
前角 γ_0	在主剖面中测量，是前刀面与基面之间的夹角	使刀刃锋利，便于切削
后角	在主剖面中测量，是主后面与切削平面之间的夹角	减小车削时主后面与工件的摩擦
主偏角 k_r	在基面中测量，它是主切削刃在基面的投影与进给方向的夹角	可改变主切削刃参加切削的长度，影响刀具寿命；影响径向切削力的大小
副偏角 k'_r	基面中测量，是副切削刃在基面上的投影与进给反方向的夹角	减小副切削刃与已加工表面之间的摩擦，以改善已加工表面的精糙度
刃倾角入 λ_s	切削平面中测量，是主切削刃与基面的夹角	控制切屑的流动方向
副后角 α'_0	副后刀面与切削平面之间的夹角	减小副后面与已加工面之间的摩擦
楔角 β_0	在主截面内前刀面与后刀面间的夹角	它影响刀头的强度
刀尖角 ε_r	主切削刃和副切削刃在基面上的投影间的夹角	它影响刀尖强度和散热性能

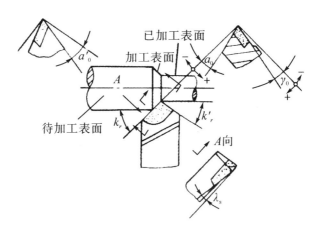

图 2-17　车刀的主要角度

（3）刀具的工作角度

在实际的切削加工中，由于刀具安装位置和进给运动的影响，上述标注角度会发生一定的变化。角度变化的根本原因是切削平面、基面和正交平面位置的改变。以切削过程中实际的切削平面 P_s、基面 P_r 和主剖面 P_0 为参考平面所确定的刀具角度称为刀具的工作角度，又称实际角度，见图 2-18。

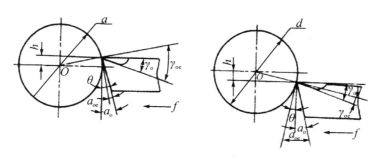

图 2-18　车刀工作角度

①车刀安装高度对工作角度的影响

车削外圆时：

刀尖安装高于工件中心，前角增大，后角减小。

刀尖安装高于工件中心，前角减小，后角增大。

车削内孔时：与外圆相反。

刀尖安装高于工件中心，前角减小，后角增大。

刀尖安装高于工件中心，前角增大，后角减小。

②车刀安装偏斜对工作角度的影响（见图 2-19）

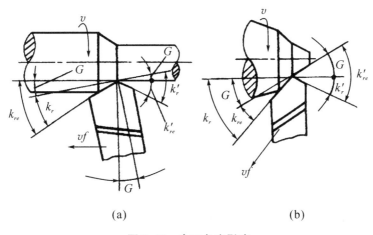

(a)　　　　　　　　　　　(b)

图 2-19　车刀角度影响

当刀杆向右歪斜时，主偏角增大，副偏角减小。

当刀杆向左歪斜时，主偏角减小，副偏角增大。

车削螺纹时，装不正会引起牙形半角误差。

切刀装得不正会使切断面出现凸凹不平，甚至断刀。

精车刀装得不正会影响工件的表面粗糙度。

2.3.3.4　刀具选用

机夹可转位车刀的选择，选择刀具通常要考虑机床的加工能力、工序内容、工件材料等因素。为了减少换刀时间和方便对刀，便于实现机械加工的标准化，应尽量采用机夹刀和机夹刀片。

（1）刀片材质的选择：车刀刀片的材料主要有高速钢、硬质合金、涂层硬质合金、陶瓷、立方氮化硼和金刚石等。其中应用最多的是硬质合金和涂层硬质合金刀片。选择刀片材质，主要依据被加工工件的材料、被加工表面的精度、表面质量要求、切削载荷的大小以及切削过程中有无冲击和振动等。

（2）刀片尺寸的选择：刀片尺寸的大小取决于必要的有效切削刃长度 L。有效切削刃长度与背吃刀量和车刀的主偏角有关，使用时可查阅有关刀具手册。

（3）刀片形状的选择：刀片形状主要依据被加工工件的表面形状、切削方法、刀具寿命和刀片的转位次数等因素选择。

2.3.3.5 车刀的装夹

（1）车刀的刀头部分不能伸出刀架过长，应尽量可能伸出得短一些。因为车刀伸出过长的刀杆刚性变差，切削时在切削力的作用下，容易产生振动，使车出的工件表面不光滑（表面粗糙度值高）。一般车刀伸出的长度不超过刀杆厚度的 1~2 倍。车刀刀体下面所垫的垫片数量一般以 1~2 片为宜，与刀架边缘对齐，并要用两个螺钉压紧（见图 2-20），以防止车刀车削工件时产生移位或振动。

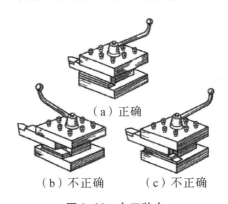

（a）正确

（b）不正确   （c）不正确

图 2-20　车刀装夹

（2）车刀刀尖的高低应对准工件回转轴线的中心，见图 2-21（b），车刀安装得过高或过低都会引起车刀角度的变化而影响切削，其表现为：

①车刀没有对准工件中心在车外圆柱面时：当车刀刀尖装得高于工件中心线，见图 2-21（a），就会使车刀的工作前角增大，实际工作后角减小，增加车刀后面与工件表面的摩擦；当车刀刀尖装得低于工件中心线，见图 2-21（c），就会使车刀的工作前角减小，实际工作后角增大，切削阻力增大使切削不顺。车刀刀尖不对准工件中心装夹得过高时，车至工件端面中心会留凸头，见图 2-21（d），会造成刀尖崩碎；装夹得过低时，用硬质合金车刀车到将近工件端面中心处也会使刀尖崩碎，见图 2-21（e）。

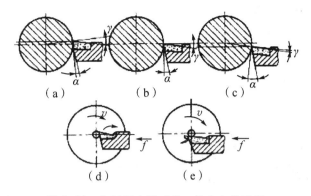

图 2-21　车刀刀尖不对准工件中心的后果

②为使刀尖快速准确地对准工件中心，常采用以下三种方法：

a. 根据机床型号确定主轴中心高，用钢直尺测量装刀，见图 2-22（a）。

b. 利用尾座顶尖中心确定刀尖的高低，见图 2-22（b）。

c. 用机床卡盘装夹工件，刀尖慢慢靠近工件端面，用目测法装刀并加紧，试车端面，根据所测端面中心再调整刀尖高度（即端面对刀）。

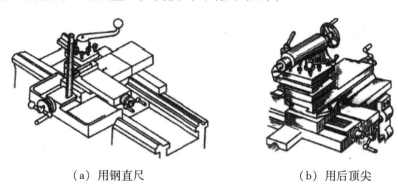

（a）用钢直尺　　　　　　　　　（b）用后顶尖

图 2-22

对刀的方法：根据经验，粗车外圆柱面时，将车刀装夹得比工件中心稍低些，这要根据工件直径的大小决定，无论装高或装低，一般不能超过工件直径的 1%。注意装夹车刀时不能使用套管，以防用力过大使刀架上的压刀螺钉拧断而损坏刀架。用手转动压刀扳手压紧车刀即可。

2.3.3.6　车刀的刃磨

车刀用钝后，必须刃磨，以便恢复它的合理形状和角度。车刀一般在砂轮机上刃磨。磨高速钢车刀用白色氧化铝砂轮，磨硬质合金车刀用绿色碳化硅砂轮。

（1）车刀刃磨的顺序

车刀重磨时，往往根据车刀的磨损情况，磨削有关的刀面即可。车刀刃磨的一般顺序是：

①磨主后刀面，同时磨出主偏角及主后角。

②磨副后刀面，同时磨出副偏角及副后角。

③磨前面，同时磨出前角。

④修磨各刀面及刀尖。

车刀刃磨后，还应用油石细磨各个刀面。这样，可有效地提高车刀的使用寿命和减小工件表面的粗糙度。

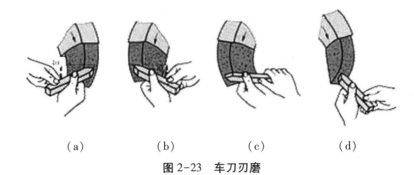

（a）　　　　（b）　　　　（c）　　　　（d）

图 2-23　车刀刃磨

（2）刃磨车刀的姿势及方法

①人站立在砂轮机的侧面，以防砂轮碎裂时碎片飞出伤人。

②两手握刀的距离放开，两肘夹紧腰部，以减小磨刀时的抖动。

③磨刀时，车刀要放在砂轮的水平中心，刀尖略向上翘约3°~8°，车刀接触砂轮后应作左右方向水平移动。当车刀离开砂轮时，车刀需向上抬起，以防磨好的刀刃被砂轮碰伤。

④磨后刀面时，刀杆尾部向左偏过一个主偏角的角度；磨副后刀面时，刀杆尾部向右偏过一个副偏角的角度。

⑤修磨刀尖圆弧时，通常以左手握车刀前端为支点，用右手转动车刀的尾部。

（3）磨刀安全知识

①刃磨刀具前，应首先检查砂轮有无裂纹，砂轮轴螺母是否拧紧，并经试转后使用，以免砂轮碎裂或飞出伤人。

②刃磨刀具不能用力过大，否则会使手打滑而触及砂轮面，造成工伤事故。

③磨刀时应戴防护眼镜，以免砂砾和铁屑飞入眼中。

④磨刀时不要正对砂轮的旋转方向站立，以防意外。

⑤磨小刀头时，必须把小刀头装入刀杆上。

⑥砂轮支架与砂轮的间隙不得大于3 mm，如发现间隙过大，应调整适当。

2.4　项目实施

任务编号：CG1-4-1	建议学时：2 学时
教学地点：	小组成员姓名：

一、任务工作（添加自己相关专业任务）

任务 1：车刀的种类有哪些?

任务 2：车刀的结构有哪些?

二、相关资源（添加自己需要的教学资源）

1.《机械加工》 主编：李佳南　北京理工大学出版社　ISBN 978-7-5682-8005-7

（关键词查询相关网络资料）；

2. 进入网页 https://www.meihua.info/，浏览优秀创意作品

三、任务实施

1. 完成分组，4~6 人为一小组，选出组长；

2. 围绕任务，学生查询资料，进行整理和分析，提交报告；

3. 小组合作完成任务，选出代表进行汇报

四、任务成果

（一）任务完成过程简介（学生完成加工过程简述）。

（二）任务创新点（学生完成加工过程简述）。

（三）多维创新点评价（自我评价、小组评价、老师评价）。

（四）成果呈现

五、任务执行评价

任务评分标准

序号	考核指标	所占分值	备注	得分
1	完成情况	10	是否在规定时间内上交，等等	
2	内容	50	内容完成情况，等等	
3	质量	40	任务完成的质量、是否小组共同完成、等等	
总分				

指导教师：

日期： 年 月 日

项目三

端面和外圆的车削

3.1　项目描述

端面车削、外圆车削是车削加工中最基本、最重要的车削工艺，主要利用端面、外圆车刀，在车床对零件进行加工。

通过本项目的实施，能实际操作，加工完成工件，见图 3-1。

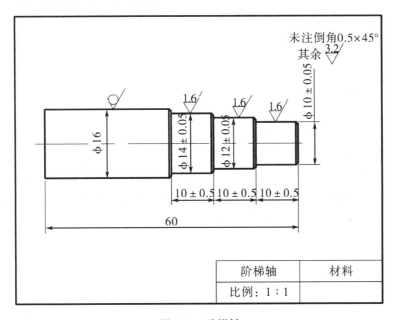

图 3-1　阶梯轴

3.2　项目目标

3.2.1　知识目标

（1）能够根据零件要求编制工件的加工工艺。

（2）能进行外圆加工刀具和切削用量的合理选择。

（3）掌握端面和外圆的加工工艺实施方法。

（4）掌握工件的检测方法。

（5）掌握车床安全操作规程。

3.2.2　能力目标

能用硬质合金或高速钢车刀对外圆及端面进行加工。

3.2.3　素质素养目标

培养学生安全生产意识和吃苦耐劳的精神；严格执行 5S 管理。

3.3　知识要点

3.3.1　工件的装夹

3.3.1.1　用三爪自定心卡盘装夹

三爪卡盘由卡盘体、活动卡爪和卡爪驱动机构组成。三爪卡盘上三个卡爪导向部分的下面，有螺纹与碟形伞齿轮背面的平面螺纹相啮合，当用扳手通过四方孔转动小伞齿轮时，碟形齿轮转动，背面的平面螺纹同时带动三个卡爪向中心靠近或退出，用以夹紧不同直径的工件。用在三个卡爪上，换上三个反爪，用来安装直径较大的工件（见图 3-2）。

（a）正爪

（b）反爪

图 3-2　三爪卡盘

（1）特点

三个卡爪同步运动，能自动定心，一般不需要找正。装夹方便、省时、自动定心好，夹紧力小。

（2）适用范围

装夹外型规则的中、小型工件。

3.3.1.2　用四爪单动卡盘装夹

四爪单动卡盘是由一个盘体、四个丝杆、一副卡爪组成的。工作时用四个丝杠分别带动四爪，可以通过调整四爪位置，装夹各种矩形的、不规则的工件，每个卡爪都可单独运动。四爪单动卡盘结构如图 3-3 所示。

图 3-3　四爪单动卡盘

（1）特点

四个卡爪各自独立运动，装夹时必须先对工件进行找正——加工部位的旋转中心与主轴的旋转中心重合，找正比较麻烦，装夹所费时间较长，夹紧力大，同样可以装成正爪或反爪两种形式，反爪用于装夹直径较大的工件。

（2）适用范围

适用于装夹大型或形状不规则的工件。

3.3.1.3 用双顶尖装夹

双顶尖装夹（见图3-4）用两个顶尖顶住细长轴，由于固定顶尖的精度比弹性回转顶尖高，所以使用固定顶尖的加工效果好。对于长度尺寸较大或加工工序较多的轴类工件，为保证每次装夹时的装夹精度，可用两顶尖装夹。两顶尖装夹工件方便，不需找正，装夹精度高，但必须先在工件的两端面钻出中心孔。

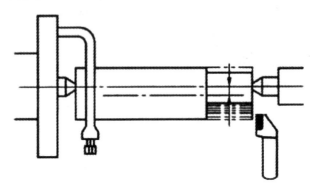

图3-4　双顶尖装夹

3.3.1.3.1　特点

（1）装夹方便，不需要找正，装夹精度高；但装夹刚性差，不能承受较大的切削力，尤其是较重的工件不能用这种装夹；

（2）装夹前必须在工件的两个端面钻出合适的中心孔；

（3）顶尖有前顶尖和后顶尖两种，用于定心并承受工件的重力和切削力。

3.3.1.3.2　适用范围

长度尺寸较大或加工工序较多的轴类工件。

3.3.1.3.3　中心孔

（1）中心孔四种类型

A型（不带护锥）、B型（带护锥）、C型（带螺纹孔）和R型（带弧型）。

（2）中心孔的作用

①A型中心孔。由圆柱部分和圆锥部分组成，圆锥孔的圆锥角为60°，与顶尖锥面配合 。一般适用于不需多次装夹或不保留中心孔的零件（见图3-5）。

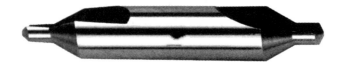

图3-5　A型中心孔钻

②B型中心孔。在A型中心孔的端部多一个120°的圆锥孔，目的是保护60°锥孔，不使其敲毛碰伤，一般适应于多次装夹的零件（见图3-6）。

图 3-6　B 型中心孔钻

③C 型中心孔。外端形似 B 型中心孔，里端有一个比圆柱孔还要小的内螺纹，它可以将其他零件轴向固定在轴上，或将零件吊挂放置（见图 3-7）。

图 3-7　C 型中心孔钻

④R 型中心孔。R 型中心孔是将 A 型中心孔的圆锥母线改为元弧线，以减少中心孔与顶尖的接触面积，减少摩擦力，提高定位精度（见图 3-8）。

图 3-8　R 型中心孔钻

中心孔的圆柱部分作用：储存油脂，避免顶尖触及工件，使顶尖与 60°圆锥面配合贴紧。

中心孔的尺寸以圆柱孔直径为基本尺寸，它是选取中心钻的依据。中心钻材料一般为高速钢。

（3）钻中心孔的方法

中心钻在钻夹头上夹紧，钻夹头在尾座上夹紧，找正尾座中心，然后紧固尾座。钻削时转速应取较高的转速，进给量应小面均匀，当中心钻钻入工件时，加切削液，促使其钻削顺利、光洁，钻毕时应稍停留中心钻，然后退出。

（4）钻中心孔时应注意以下几点：

①中心钻轴线必须与工件旋转中心一致。

②工件端面必须车平，不允许留凸台，以免钻孔时中心钻折断。

③及时查看中心钻的磨损状况，磨损后不能强行钻入工件，避免中心钻折断。

④及时进退，以便排除切屑，并及时注入切削液。

3.3.1.3.4 前顶尖、后顶尖

（1）前顶尖

前顶尖可直接安装在车床主轴锥孔中，见图3-9（a），也可用三爪自定心卡盘夹住，见图3-9（b）。

（2）后顶尖

后顶尖有固定顶尖和回转顶尖两种。使用时可将后顶尖插入车床尾座套筒的锥孔内。固定顶尖刚性好，定心准确，但中心孔与顶尖之间是滑动摩擦，易磨损和烧坏顶尖。因此只适用于低速加工精度要求较高的工件。

（3）回转顶尖

回转顶尖内部装有滚动轴承，顶尖和工件一起转动，能在高转速下正常工件，但活顶尖的刚性较差，有时还会产生跳动而降低加工精度。所以，活顶尖只适用于精度要求不太高的工件，见图3-9（c）。

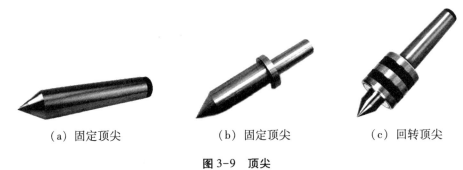

（a）固定顶尖　　　　　（b）固定顶尖　　　　　（c）回转顶尖

图3-9　顶尖

3.3.1.4　一夹一顶装夹

用两顶尖装夹虽然精度较高，但装夹刚性差。因此，车削一般工件，尤其是较重的工件，可采用一端用卡盘夹住，另一端用后顶尖顶住的装夹方法（见图3-10）。

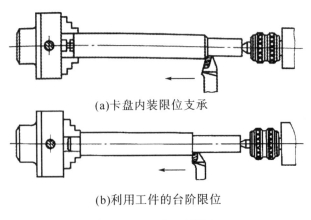

(a)卡盘内装限位支承

(b)利用工件的台阶限位

图3-10　一夹一顶装夹

特点：装夹刚性好，能承受较大的切削力，安全可靠，但对工序较多的轴类工件，多次装夹则不能达到同轴度要求。

为了防止工件由于切削力作用而产生轴向位移，可在卡盘内装一限位支承，或利用工件的阶台作限位。

3.3.1.5　工件的找正

（1）找正工件就是将工件安装在卡盘上，使工件的中心与车床主轴的旋转中心取得一致，这一过程称为找正工件。

（2）找正的方法。

①目测法：工件夹在卡盘上使工件旋转，观察工件跳动情况，找出最高点，用重物敲击高点，再旋转工件，观察工件跳动情况，再敲击高点，直至工件找正为止。最后把工件夹紧，其基本程序如下：工件旋转→观察工件跳动→找出最高点→找正→夹紧。一般要求最高点和最低点在 1~2mm 为宜，见图 3-11（a）。

②使用划针盘找正：车削余量较小的工件可以利用划针盘找正。方法如下：工件装夹后（不可过紧），用划针对准工件外圆并留有一定的间隙，转动卡盘使工件旋转，观察划针在工件圆周上的间隙，调正最大间隙和最小间隙，使其达到间隙均匀一致，最后将工件夹紧。此种方法一般找正精度在 0.5~0.15mm，见图 3-11（b）。

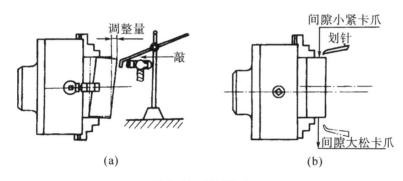

图 3-11　找正装夹

③开车找正法：在刀台上装夹一个刀杆（或硬木块），工件装夹在卡盘上（不可用力夹紧），开车是工件旋转，刀杆向工件靠近，直至把工件靠正，然后夹紧。此种方法较为简单、快捷，但必须注意工件夹紧程度，不可太尽也不可太松。

（3）注意事项及安全：

①找正较大的工件，车床导轨上应垫防护板，以防工件掉下砸坏车床。

②找正工件时，主轴应放在空挡位置，并用手搬动卡盘旋转。

③找正时敲击一次工件应轻轻夹紧一次，最后工件找正合格应将工件夹紧。

④找正工件要有耐心，要细心，不可急躁，并注意安全。

3.3.2　端面的车削方法

（1）用 45°车刀车削端面

45°车刀又称弯头刀，主偏角为 45°，刀尖角为 90。45°车刀的刀头强度和散热条件比 90°车刀好，常用于车削工件的端面、倒角。另外，由于 45°车刀主偏角较小，车削外圆时，径向切削力较大，所以一般只能车削长度较短的外圆，见图3-12（a）。

（2）用右偏刀车削端面

用右偏刀车削端面时，如果车刀由工件外缘向中心进给，是副切削刃切削。当背吃刀量较大时，切削力会使车刀扎入工件，而形成凹面，见图3-12（b）。为防止产生凹面，可改为由中心向外缘进给，用主切削刃切削，见图3-12（b），但背吃刀量要小。或者在车刀副切削刃上磨出前角，使之成为主切削刃来车削，见图3-12（c）。

（3）用左车刀车削端面

左车刀是用主切削刃进行切削的，它的主偏角60°～75°，刀尖角>90°，因此刀尖强度和散热条件好，车刀寿命长，适用于车削铸、锻件的大平面，见图3-12（d）。

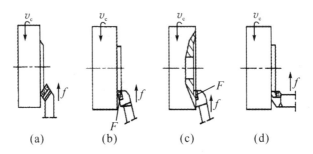

图3-12　端面的车削

3.3.3　外圆的车削方法

3.3.3.1　车削外圆的一般步骤

（1）起动车床，使工件旋转。

（2）用手摇动床鞍和中滑板的进给手柄，使车刀刀尖靠近并接触工件右端外圆表面。

（3）反向摇动床鞍手柄，使车刀向右离开工件3～5 mm。

（4）摇动中滑板手柄，使车刀横向进给，进给量为背吃刀量。

（5）床鞍纵向进给车削3～5 mm厚，不动中滑板手柄，将车刀纵向快速退回，停车测量工件。与要求的尺寸比较，再重新调整背吃刀量，把工件的多余金属车去。

（6）床鞍纵向进给车到尺寸时，退回车刀，停车检查。

3.3.3.2　刻度盘的原理和应用

车外圆时，背吃刀量可利用中滑板的刻度盘来控制。中滑板刻度盘安装在中滑板丝杠上。当中滑板的摇动手柄带动刻度盘转一周时，中滑板丝杠也转一周。这时固定在中滑板上与丝杠配合的螺母沿丝杠工轴线方向移动了一个螺距，因此安装在中滑板上的刀架也移动了一个螺距。如果中滑板丝杠螺距为5 mm，当手柄转一周时，刀架就移动了5 mm。若把刻度盘圆周等分100格，当刻度盘转过一格时，中滑板就移动了5/100=0.05（mm）。所以，中滑板刻度盘转过一格，车刀横向移动的距离可按下式计算：

$$k = \frac{p}{n}$$

式中：k——车刀横向移动的距离，mm；

　　　p——中滑板丝杠的螺距，mm；

　　　n——刻度盘圆周上等分格数。

小滑板刻度用来控制车刀短距离的纵向移动，其刻度的工作原理与中滑板相同。

3.3.3.3 使用中、小滑板刻度盘时应注意以下两点：

（1）由于丝杠和螺母之间有间隙存在，因此在使用刻度盘时会产生空行程（即刻度盘转动，而刀架并未移动）。根据加工需要慢慢地把刻度盘转到所需位置，如果不慎多转过几格，不能简单地直接退回多转的格数，必须向相反方向退回全部空行程，再将刻度盘转到正确的位置。

（2）由于工件在加工时是旋转的，在使用中滑板刻度盘时，车刀横向进给后的切除量正好是背吃刀量的两倍。因此，当工件外圆余量确定后，中滑板刻度盘控制的背吃刀量是外圆余量的二分之一。而小滑板的刻度值，则直接表示工件长度方向的切除量。

3.3.4 工件的检测

3.3.4.1 游标卡尺

（1）游标卡尺，是一种测量长度、内外径、深度的量具。游标卡尺由主尺和附在主尺上能滑动的游标两部分构成。游标上部有一紧固螺钉，可将游标固定在尺身上的任意位置。游标卡尺有 0.1 毫米（游标尺上标有 10 个等分刻度）、0.05 毫米（游标尺上标有 20 个等分刻度）、和 0.02 毫米（游标尺上标有 50 个等分刻度）、0.01 毫米（游标尺上标有 100 个等分刻度）4 种最小读数值。游标卡尺的主尺和游标上有两副活动量爪，分别是内测量爪和外测量爪，内测量爪通常用来测量内径，外测量爪通常用来测量长度和外径。深度尺与游标尺连在一起，可以测槽和筒的深度（见图 3-13）。

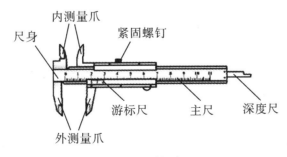

图 3-13　游标卡尺

（2）游标卡尺的刻线原理

刻度值 0.02 mm 的精密游标卡尺由带固定卡脚的主尺和带活动卡脚的副尺（游标）组成。在副尺上有副尺固定螺钉。主尺上的刻度以 mm 为单位，每 10 格分别标以 1、2、3……，表示 10 mm、20 mm、30 mm……。这种游标卡尺的副尺刻度是把主尺刻度

49 mm 的长度，分为 50 等份，即每格为：49/50 mm，主尺和副尺的刻度每格相差：1-0.98＝0.02（mm）。即测量精度为 0.02 mm。如果用这种游标卡尺测量工件，测量前，主尺与副尺的 0 线是对齐的，测量时，副尺相对主尺向右移动，若副尺的第 1 格正好与主尺的第 1 格对齐，则工件的厚度为 0.02 mm。同理，测量厚度为 0.06 mm 或 0.08 mm 的工件时，副尺的第 3 格应该正好与主尺的第 3 格对齐或副尺的第 4 格正好与主尺的第 4 格对齐。

（3）游标卡尺的读数方法

读数方法，可分三分步骤：

① 根据副尺零线以左的主尺上的最近刻度读出整毫米数；

② 根据副尺零线以右与主尺上的刻度对准的刻线数乘上 0.02 读出小数；

③ 将上面整数和小数两部分加起来，即为总尺寸。

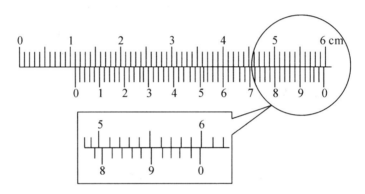

图 3-14　0.02mm 游标卡尺的读数方法

如图 3-14 所示，副尺 0 线所对主尺前面的刻度 10 mm，副尺 0 线后的第 47 条线与主尺的一条刻线对齐。副尺 0 线后的第 47 条线表示：

$$0.02×47＝0.94（mm）$$

所以被测工件的尺寸为

$$10+0.94＝10.94（mm）$$

3.3.4.2　外径千分尺

外径千分尺（OUTSIDE MICROMETER），也叫螺旋测微器，常简称为千分尺。它是比游标卡尺更精密的长度测量仪器，精度有 0.01 mm、0.02 mm、0.05 mm 几种，加上估读的 1 位，可读取到小数点后第 3 位（千分位），故称千分尺。

千分尺常用规格有 0~25 mm、25~50 mm、50~75 mm、75~100 mm、100~125 mm 等若干种。

（1）外径千分尺的结构（见图 3-15）

由固定的尺架、测砧、测微螺杆、固定套筒、微分筒、测力装置、锁紧装置等组成。固定套管上有一条水平线，这条线上、下各有一列间距为 1 毫米的刻度线，上面的刻度线恰好在下面两相邻刻度线中间。微分筒上的刻度线是将圆周分为 50 等分的水平线，它是旋转运动的。从读数方式上来看，常用的外径千分尺有普通式、带表示和电子数显式三种类型。

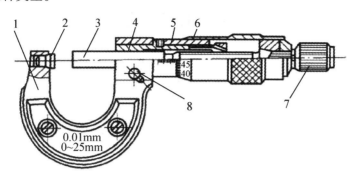

1——尺架；2——测砧；3——测微螺杆；4——螺纹轴套；
5——固定套筒；6——微分筒；7——测力装置；8——锁紧装置。

图 3-15 千分尺结构

（2）测量原理

根据螺旋运动原理，当微分筒（又称可动刻度筒）旋转一周时，测微螺杆前进或后退一个螺距 0.5 毫米。这样，当微分筒旋转一个分度后，它转过了 1/50 周，这时螺杆沿轴线移动了 $1/50 \times 0.5 = 0.01$（毫米），因此，使用千分尺可以准确读出 0.01 毫米的数值。

（3）读数方法

以微分套筒的基准线为基准读取左边固定套筒刻度值，再以固定套筒基准线读取微分套筒刻度线上与基准线对齐的刻度，即为微分套筒刻度值，将固定套筒刻度值与微分套筒刻度值相加，即为测量值（见图 3-16）。

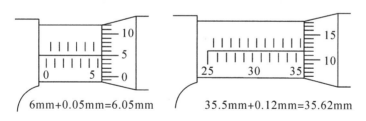

6mm+0.05mm=6.05mm   35.5mm+0.12mm=35.62mm

图 3-16 千分尺的读数方法

（4）注意事项

测量时，注意要在测微螺杆快靠近被测物体时停止使用旋钮，而改用微调旋钮，避免产生过大的压力，既可使测量结果精确，又能保护螺旋测微器。

读数时，要注意固定刻度尺上表示半毫米的刻线是否已经露出。

读数时，千分位有一位估读数字，不能随便扔掉，即使固定刻度的零点正好与可动刻度的某一刻度线对齐，千分位上也应读取为"0"。

当小砧和测微螺杆并拢时，可动刻度的零点与固定刻度的零点不相重合，将出现零误差，应加以修正，即在最后测长度的读数上去掉零误差的数值。

3.4　项目实施

任务编号：CG3-4-1	建议学时：16 学时
教学地点：	小组成员姓名：

一、任务工作

任务 1：说出车削端面的方法有哪些？

任务 2：说出外圆车削的方法有哪些？

任务 3：加工完成图 3-1 的零件

二、相关资源

1.《机械加工》主编：李佳南　北京理工大学出版社　ISBN 978-7-5682-8005-7；

（关键词查询相关网络资料）；

2. 进入机械加工网站，查询外圆和端面加工的新工艺、新技术

三、任务实施

1. 完成分组，4~6 人为一小组，选出组长；

2. 学生围绕外圆和端面加工主题，查询资料，进行整理和分析，提交报告；

3. 小组合作完成任务，选出代表进行汇报

四、任务成果

（一）任务完成过程简介（学生完成加工过程简述）

（二）任务创新点（学生完成加工过程简述）

（三）成果呈现

五、任务执行评价

任务评分标准

序号	考核指标	考核标准	配分	自我检测	学生互检	教师检测
1	粗糙度 Ra1.6	超差一个等级扣 5 分	20			
2	$\phi14\pm0.05$	超差 0.01 扣 3 分	20			
3	$\phi12\pm0.05$	超差 0.01 扣 3 分	20			
4	$\phi10\pm0.05$	超差 0.01 扣 3 分	20			
5	长度 10±0.5	超差 0.1 扣 3 分	15			
6	倒角 C1	超差扣 5 分	5			
合计			100			
心得体会						

教师综合评价：

日期：　　　年　　月　　日

项目四

孔类工件的车削

4.1 任务描述

实操加工完成工件（见图 4-1）：

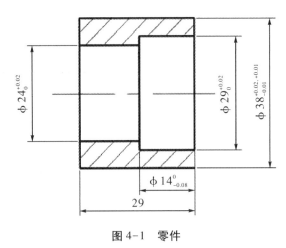

图 4-1 零件

4.2 任务目标

4.2.1 知识目标

（1）掌握车削孔类工件的装夹。
（2）掌握孔类工件的加工方法。
（3）掌握孔类工件的检测方法。
（4）掌握车床安全操作规程。

4.2.2 能力目标

能正确选择刀具加工内孔。

4.2.3 素质素养目标

培养学生的安全生产意识和吃苦耐劳的精神；要求学生严格执行 5S 管理。

4.3 知识要点

4.3.1 孔类工件的装夹

保证孔类工件几何精度的方法：

车削孔类工件时，为了保证工件的几何精度，应选择合理的装夹方式及正确的车削方法，下面介绍保证同轴度和垂直度的方法：

（1）在一次装夹中完成车削加工

在单件小批量生产中，可以在卡盘或花盘上一次装夹就把工件的全部或大部分表面加工完毕。这种方法没有定位误差，如果车床精度较高，可获得较高的几何精度。但采用这种方法车削时，需要经常转换刀架，尺寸较难掌握，切削用量也需要经常改变，见图 4-2。

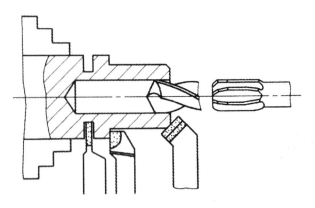

图 4-2　在一次装夹中完成车削加工

（2）以外圆为定位基准采用软卡爪

工件以外圆为基准保证位置精度时，车床上一般应用软卡爪装夹工件。软卡爪用未经淬火的 45 钢制成。这种卡爪是在本身车床上车削成形，因此可确保装夹精度。当装夹已加工表面或软金属时，不易夹伤工件表面。

4.3.2　内孔加工方法

4.3.2.1　麻花钻钻孔

（1）麻花钻的构造和各部分作用

麻花钻是常用的钻孔刃具，由柄部、颈部、工作部分组成，见图 4-3。

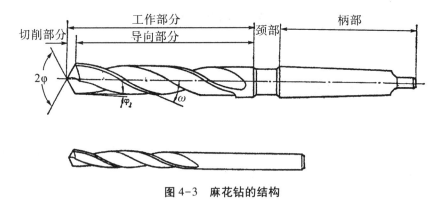

图 4-3　麻花钻的结构

①柄部

柄部分直柄和莫氏锥柄两种，其作用是钻削时传递切削动力和钻头的夹持与定心。

②颈部

直径较大的钻头在颈部刻有商标、直径尺和材料牌号。

③工作部分

工作部分由切削部分和导向部分组成，两切削刃起切削作用。棱边起导向作用和减少摩擦作用。它的两条螺旋槽的作用是构成切削刃，排出切屑和进切削液。螺旋槽的表面即为钻头的前面。

（2）麻花钻切削部分的几何角度

①顶角

麻花钻的两切削刃之间的夹角叫顶角。角度一般为 118°±2°。钻软材料时可取小些，钻硬材料时可取大些，见图 4-4。

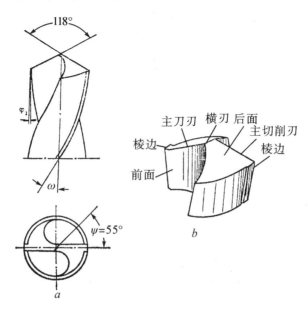

图 4-4　麻花钻的切削部分

②横刃斜角

横刃与主切削刃之间的夹角叫顶角，通常为 55°。横刃斜角的大小随刃磨后角的大小而变化。后角大，横刃斜角减小，横刃变长，钻削时周向力增大。后角小，则情况反之。

③前角

前角一般为 30°，外援处最大，靠近钻头中心处变为负前角。麻花钻的螺旋角越大，前角也越大。

④后角

麻花钻的后角也是变化的，外缘处最小，靠近钻头中心处的后角最大。一般为 8°~12°。

（3）麻花钻的一般刃磨

麻花钻刃磨的好坏，直接影响钻孔质量和钻削效率。麻花钻一般只刃磨两个主后面，并同时磨出顶角、后角、横刃斜角，所以麻花钻的刃磨比较困难，对刃磨技术要求较高。

①刃磨要求

麻花钻的两个主切削刃和钻心线之间的夹角应对称，刃长要相等，否则钻削时会出现单刃切削或孔径变大、产生阶台等弊端，见图 4-5。

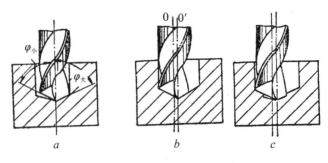

图 4-5　麻花钻钻削产生弊端

②刃磨方法和步骤

a. 刃磨前，钻头切削刃应放在砂轮中心水平面上或稍高些。钻头中心线与砂轮外圆柱面母线在水平面内的夹角等于顶角的一半，同时钻尾向下倾斜，见图 4-6。

b. 钻头刃磨时用右手握住钻头前端作为支点，左手握钻尾，以钻头前端支点为圆心，钻尾上下摆动，并略带旋转；但不能转动过多，或上下摆动太大，以防磨出负后角，或把另一面主切削刃磨掉。特别是在磨小麻花钻时，更应注意。

c. 当一个主切削刃磨削完毕后，把钻头转过 180° 刃磨另一个主切削刃，人和手要保持原来的位置和姿势，这样容易达到两刃对称的目的。

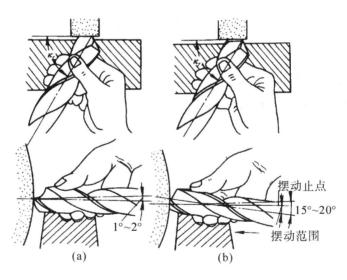

图 4-6　麻花钻的刃磨

③刃磨检查

a. 用样板检查，见图 4-7。

b. 目测法。麻花钻磨好后，把钻头垂直竖在与眼等高的位置上，在明亮的背景下用眼观察两刃的长短、高低；但由于视差关系，往往感到左刃高，右刃低，此时要把钻头转过 180°，再进行观察。这样反复观察对比，最后感到两刃基本对称就可使用。如果发现两刃有偏差，必须继续修磨。

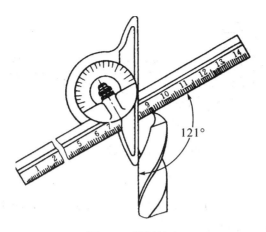

图 4-7　样板检查

④注意事项

a. 砂轮机在正常旋转后方可使用。

b. 刃磨钻头时操作人应站在砂轮机的侧面。

c. 砂轮机出现跳动时应及时修整。

d. 随时检查两主切削刃是否对称相等。

e. 刃磨时应随时冷却，以防钻头刃口发热退火，降低硬度。

f. 初次刃磨时，应注意外缘边出现负后角。

（4）麻花钻的装夹

①直柄麻花钻的装夹。直柄麻花钻常用钻夹头（见图 4-8）装夹，然后将钻夹头锥柄装入车床尾座套筒锥孔中即可进行钻削。

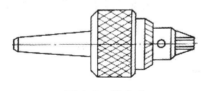

图 4-8　钻夹头

②锥柄麻花钻的装夹锥柄麻花钻的柄部是莫氏圆锥，当钻头锥柄的规格与尾座套筒锥孔的规格相同时，可直接把钻头锥柄装入尾座锥孔内；当两者的规格不相同时，就必须在钻头锥柄处装一个与尾座套筒锥孔规格相同的过渡锥套，然后再将过渡锥套装入尾座套筒锥孔内。

③用 V 形架装夹（见图 4-9）是用两个 V 形架将直柄钻头装夹在刀架上，钻孔前，要先校准中心。钻孔时，可利用床鞍的自动纵向进给进行钻孔。

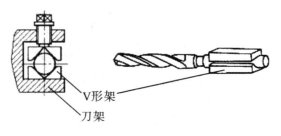

图4-9 用V形架装钻头

④用专用夹具装夹将专用夹具装夹在刀架上（见图4-10），锥柄钻头可插入专用夹具的锥孔中，如装夹直柄钻头，专用夹具应是圆柱孔，侧面用螺钉紧固。钻削前，应先校准中心，然后利用床鞍的纵向进给进行钻孔。

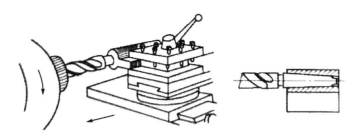

图4-10 用专用夹具装夹钻头

（5）钻孔方法

①钻孔时切削用量

a. 背吃刀量 a_p。钻孔时的背吃刀量是钻头直径的一半。

b. 切削速度 Vc。钻孔时的切削速度是指钻头主切削刃外缘处的线速度。

$$Vc = \frac{\pi D n}{1000}$$

式中：Vc——切削速度，m/min；

D——钻头的直径，mm；

n——车床主轴转速，r/min。

用高速钢钻头钻钢料时，切削速度一般选 15 m/min ~ 30 m/min，钻铸铁时取 10 m/min ~ 25 m/min。

c. 进给量 f。在车床上钻孔时，工件转1周，钻头沿轴向移动的距离为进给量。在车床上是用手慢慢转动尾座手轮来实现进给运动。进给量太大会使钻头折断。用直径为 2 mm ~ 12 mm 的钻头钻削钢料时，进给量选 0.15 mm/r ~ 0.35 mm/r；钻铸铁时，进给量可略大些。

②钻孔时注意事项

a. 将钻头装入尾座套筒中，找正钻头轴线（与工件旋转轴线相重合），否则会使钻头折断。

b. 钻孔前，必须将端面车平，中心处不允许有凸头，否则钻头不能定心，会使钻头折断。

c. 当钻头刚接触工件端面和钻通孔快要钻透时，进给量要小，以防钻头折断。

d. 钻小而深的孔时，应先用中心钻钻中心孔，避免将孔钻歪。

e. 钻深孔时，切屑不易排出，要经常把钻头退出清除切屑。

f. 钻削钢料时，必须浇注充分的切削液，使钻头冷却。钻铸铁时可不用切削液。

4.3.2.2 镗孔

不论锻孔、铸孔，还是经过钻孔的工件，一般都很粗糙，必须经过镗削等加工后才能达到图样的精度要求。镗内孔需要内孔镗刀，其切削部分基本上与外圆车刀相似，只是多了一个弯头而已。

（1）镗刀分类

根据刀片和刀杆的固定形式，镗刀分为整体式和机械夹固式。

①整体式镗刀

整体式镗刀一般分为高速钢和硬质合金两种。高速钢整体式镗刀，刀头、刀杆都是高速钢制成。硬质合金整体式镗刀，只是在切削部分焊接上一块合金刀头片，其余部分都是用碳素钢制成，见图4-11。

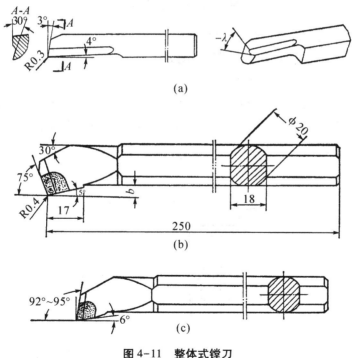

图4-11 整体式镗刀

②机械夹固镗刀

机械夹固镗刀（见图4-12）由刀排、小刀头、紧固螺钉组成，其特点是能增加刀杆强度，节约刀杆材料，即可安装高速钢刀头，也可安装硬质合金刀头。使用时可根据孔径选择刀排，因此比较灵活方便。

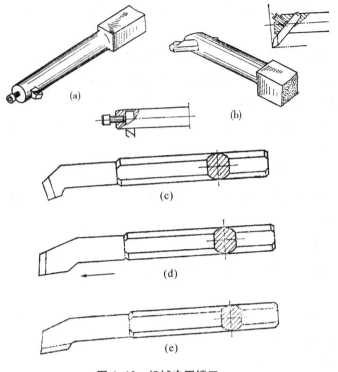

图 4-12　机械夹固镗刀

根据主偏角将其分为通孔镗刀和盲孔镗刀。

a. 通孔镗刀。其主偏角取 45°~75°，副偏角取 10°~45°，后角取 8°~12°。为了防止后面跟孔壁摩擦，也可磨成双重后角。

b. 盲孔镗刀。其主偏角取 90°~93°，副偏角取 3°~6°，后角取 8°~12°。

前角一般在主刀刃方向刃磨，对纵向切削有利。在轴向方向磨前角，对横向切削有利，且精车时，内孔表面比较好。

（2）镗孔车刀的安装（见图 4-13）

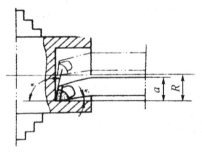

图 4-13　镗孔

①镗孔车刀安装时，刀尖应对准工件中心或略高一些，这样可以避免镗刀受到切削压力下弯出现扎刀现象，而把孔镗大。

②镗刀的刀杆应与工件轴心平行，否则镗到一定深度后，刀杆后半部分会与工件孔壁相碰。

③为了增加镗刀刚性，防止振动，刀杆伸出长度尽可能短一些，一般比工件空深长 5~10 mm。

④为了确保镗孔安全，通常在镗孔前把镗刀在孔内试走一遍，这样才能保证镗孔顺利进行。

⑤加工台阶孔时，主刀刃应和端面成 3°~5° 的夹角，在镗削内端面时，要求横向有足够的退刀余地。

（3）镗孔的加工方法

①通孔

加工方法基本与外圆相似，只是进到刀方向相反；粗精车都要进行试切和试测，也就是根据余量的一半横向进给，当镗刀纵向切削至 2 mm 左右时纵向退出镗刀（横向不动），然后停车试测。反复进行，直至符合孔径精度要求为止。

②阶台孔

a. 镗削直径较小的台阶孔时，由于直接观察比较困难，尺寸不易掌握，所以通常采用先粗精车小孔，再粗精车大孔的方法进行。

b. 镗削大的阶台孔时在视线不受影响的情况下，通常采用先粗车大孔和车小孔，再精车大孔和车小孔的方法进行。

c. 镗削孔径大小相差悬殊的阶台孔时，最好采用主偏角 85° 左右的镗刀先进行粗镗，留余量用 90° 镗刀精镗。

③镗孔控制长度的方法

粗车时采用刀杆上刻线及使用床鞍刻度盘的刻线来控制。精车时使用钢尺、深度尺配合小滑板刻度盘的刻线来控制，见图 4-14。

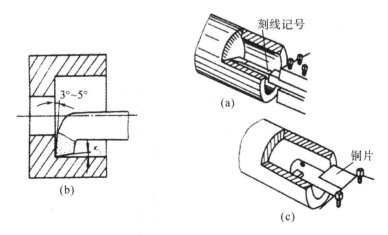

图 4-14　镗孔控制长度的方法

④切削用量的选择

切削时，由于镗刀刀尖先切入工件，因此其受力较大，再加上刀尖本身强度差，所以容易碎裂。并且，由于刀杆细长，在切削力的影响下，吃刀深了，容易弯曲振动。我们一般练习的孔径在 20~50 mm，切削用量可参照以下数据选择：

粗车：n——400~500 转/分 　　精车：n——600~800 转/分

　　　　f——0.2~0.3 mm 　　　　　　f——0.1 mm 左右

　　　　ap——1~3 mm 　　　　　　　ap——0.3 mm 左右

4.3.2.3 根据图确定加工步骤

（1）零件 1，见图 4-15。

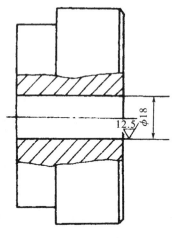

图 4-15　零件 1

加工步骤（参考）：①夹住外圆校正夹紧；

　　　　　　　　　②车端面（车平即可）；

　　　　　　　　　③粗精车至尺寸要求；

　　　　　　　　　④倒角 1×45°；

　　　　　　　　　⑤检查、卸车。

（2）零件 2，见图 4-16。

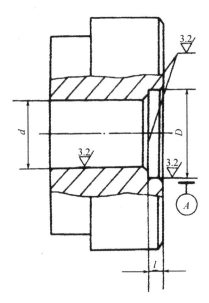

图 4-16　零件 2

加工步骤（参考）：①夹住外圆校正夹紧；

②车端面（车平即可）；

③粗精车小孔至尺寸要求；

④粗车半精车大孔；

⑤保证孔深；

⑥精车大孔至尺寸要求；

⑦倒角 1×45°；

⑧检查、卸车。

4.3.2.4 注意事项

（1）加工过程中注意中滑板退刀方向与车外圆时相反。

（2）用内径表测量前，应首先检查内径表指针是否复零，再检查测量头有无松动、指针转动是否灵活。

（3）用内径表测量前，应先用卡尺测量，当余量为 0.3～0.5 mm 时才能用内径表测量，否则易损坏内径表。

（4）孔的内端面要平直，孔壁与内端面相交处要清角，防止出现凹坑和小台阶。

（5）精镗内孔时，应保持车刀锋利。

（6）镗小盲孔时，应注意排屑，否则铁屑阻塞会造成镗刀损坏或扎刀，把孔车废。

（7）要求学生根据余量大小合理分配切削深度，力争做到又快又准。

4.3.3 内孔的检测

（1）用通止规检测

通止规（见图 4-17）是量具的一种，在实际生产中大批量的产品若采取用计量量具（如游标卡尺，千分表等有刻度的量具）进行逐个测量很费事，我们知道合格的产品是有一个度量范围的，在这个范围内的都合格，所以人们便采取通止规来测量。

图 4-17　通止规

通端，即孔径允许偏差的下限，若不能通过，则说明孔径小了，不合格。止端，即孔径允许偏差的上限，若止规能通过，说明孔径大了，也不合格。总之，通规过，止规不过，才为合格。

（2）用游标卡尺检测（见图4-18）

图4-18　用游标卡尺检测

（3）用内径千分尺检测

内径千分尺用于内尺寸的精密测量（分单体式和接杆）（见图4-19）。

图4-19　用内径千分尺检测

在日常生产中，用内径尺测量孔时，将其测量触头测量面支撑在被测表面上，调整微分筒，使微分筒一侧的测量面在孔的径向截面内摆动，找出最小尺寸。然后拧紧固定螺钉并读数，也有不拧紧螺钉直接读数的。这样就存在着姿态测量问题。姿态测量，即测量时与使用时的一致性。例如：测量 75~600/0.01mm 的内径尺时，或测量接长杆与测微头连接后尺寸大于 125 mm 时。其拧紧与不拧紧固定螺钉时读数值相差 0.008 mm 既为姿态测量误差。

（4）内径表的安装校正与使用

①安装与校正。在内径测量杆上安装表头时，百分表的测量头和测量杆的接触量一般为 0.5 mm 左右；安装测量杆上的固定测量头时，其伸出长度可以调节，一般比测量孔径大 0.2 mm 左右（可以用卡尺测量）；安装完毕后用百分尺来校正零位（见图4-20）。

②使用与测量方法。

a. 内径百分表和百分尺一样是比较精密的量具，因此测量时应先用卡尺控制孔径尺寸，当余量 0.3~0.5 mm 时再使用内径百分表，否则余量太大易损坏内径表。

b. 测量时，要注意百分表的读法，长指针逆时针过零为孔小，逆时针不过零为孔大。

c. 测量时，内径表上下摆动取最小值为实际值。

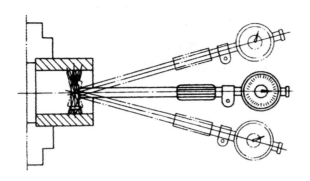

图 4-20 内径表检测

4.4 项目实施

任务编号：CG1-4-1	建议学时：2 学时
教学地点：	小组成员姓名：

一、任务工作（添加相关专业任务）

任务 1：说出孔的车削方法有哪些？

任务 2：说出孔的检测方法有哪些？

任务 3：加工完成图 4-21

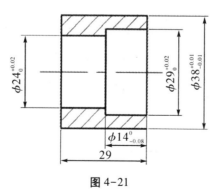

图 4-21

二、相关资源（添加自己需要的教学资源）

1.《机械加工》主编：李佳南 北京理工大学出版社 ISBN 978-7-5682-8005-7
（用关键词查询相关网络资料）；

2. 进入网页 https://www.meihua.info/，浏览优秀创意作品

三、任务实施

1. 完成分组，4~6人为一小组，选出组长；

2. 围绕孔的车削，学生查询资料，进行整理和分析，提交报告；

3. 小组合作完成任务，选出代表进行汇报

四、任务成果

（一）任务完成过程简介（学生完成加工过程简述）

（二）任务创新点（学生完成加工过程简述）

（三）多维创新点评价（自我评价、小组评价、老师评价）

（四）成果呈现

五、任务执行评价

任务评分标准

序号	考核指标	所占分值	备注	得分
1	完成情况	10	是否在规定时间内上交，等等	
2	内容	50	内容完成情况，等等	
3	质量	40	任务完成的质量，是否小组共同完成，等等	
总分				

指导教师：

日期：　　　年　　月　　日

切断和切槽

5.1 任务描述

实操加工完成如下工件（见图 5-1）：

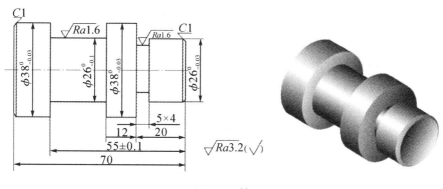

图 5-1 轴

5.2 任务目标

5.2.1 知识目标

（1）了解切断刀和切槽刀的种类和用途。

（2）了解切断刀和切槽刀的组成部分及其角度要求。

（3）了解切断刀和切槽刀的角度检查。

5.2.2 能力目标

（1）掌握切断刀和切槽刀的刃磨方法。
（2）掌握切槽的方法。
（3）掌握切断的方法。

5.2.3 素质素养目标

培养学生安全生产意识和吃苦耐劳的精神；严格执行 5S 管理。

5.3 知识要点

5.3.1 切断和切槽

矩形切槽刀和切断刀的几何形状基本相似，刃磨方法也基本相同，只是刀头部分的宽度和长度有所区别，有时也通用故合并讲解。

在车床上把较长的工件切断成短料或将车削完成的工件从原材料上切下这种加工方法叫切断。

5.3.1.1 切断刀的种类

（1）高速钢切断刀

刀头和刀杆是同一种材料锻造而成，当切断刀损坏时，可以通过锻打后再使用，因此其比较经济，目前应用较为广泛（见图5-2）。

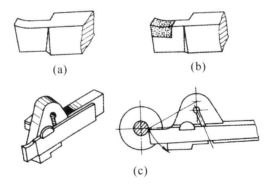

(a)   (b)

(c)

图 5-2 切断刀

（2）硬质合金切断刀

硬质合金切断刀的刀头用硬质合金焊接而成，因此适宜高速切削。

（3）弹性切断刀

为节省高速钢材料，将切刀做成片状，再夹在弹簧刀杆内，这种切断刀即节省刀具材料又富有弹性。当进给过快时刀头在弹性刀杆的作用下会自动产生让刀，这样就不容易产生扎刀而折断车刀。

5.3.1.2 切断刀的安装

切断刀装夹是否正确，对切断工件能否顺利进行、切断的工件平面是否平直有直接的关系，所以切断刀的安装要求严格（见图5-3）。

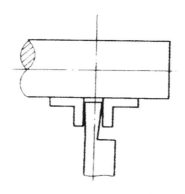

图5-3 切断刀的安装

（1）切断实心工件时切断刀的主刀刃必须严格对准工件中心刀头中心线与轴线垂直。

（2）为了增加切断刀的强度刀杆不易伸出过长，以防震动。

5.3.1.3 切断方法

（1）用直进法切断工件

所谓直进法是指垂直于工件轴线方向切断，这种切断方法切断效率高，但对车床刀具刃磨装夹有较高的要求，否则容易造成切断刀的折断，见图5-4（a）。

（2）左右借刀法切断工件

在切削系统（刀具、工件、车床）刚性不足的情况下可采用左右借刀法切断工件，这种方法是指切断刀在径向进给的同时，车刀在轴线方向反复地往返移动直至工件切断，见图5-4（b）。

（3）反切法切断工件

反切法是指工件反转、车刀反装，这种切断方法易用于较大直径工件。优点是反转切断时作用在工件上的切削力于主轴重力方向一直向下，因此主轴不容易产生上下跳动，所以切断工件比较平稳；切削从下面流出不会堵塞在切削槽中，因此能比较顺利地切削，见图5-4（c）。但必须指出在采用反切法时卡盘与主轴的连接部分必须有保险装置，否则卡盘会因倒车而脱离主轴，发生事故。

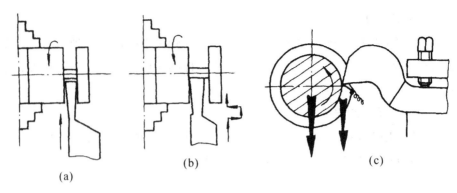

(a)　　　　　　　　　　(b)　　　　　　　　　　(c)

图 5-4　切断方法

5.3.2　切断刀折断的原因

切断刀折断的原因有如下四个：

（1）切断刀的几何形状磨得不正确。副偏角、副后角、主后角太大，断屑槽过深；主切削刃太窄，刀头过长等都会使刀头强度削弱而折断。如果这些角度磨得太小或没有磨出，则副切削刃、副后面与工件表面会发生强烈的摩擦，使切断刀折断；如果刀头磨得歪斜或装夹歪斜，切断时两边受力不均，也会使切断刀折断。

（2）切断刀装夹歪斜后，一侧副后角或副偏角将为零或负值，进而产生干涉而折断。

（3）进给量太大。

（4）切断时，前角太大、中滑板松动容易产生"扎刀"现象，导致切断刀折断。

5.3.3　工件的检测

（1）精度要求低的沟槽，可用钢直尺测量其宽度，用钢直尺、外卡钳相互配合等方法测量槽底直径，如图 5-5（a）、图 5-5（b）所示。

（2）精度要求高的沟槽，通常用外径千分尺测量沟槽槽底直径，如图 5-5（c）所示；用样板和游标卡尺测量其宽度，如图 5-5（d）、如图 5-5（e）所示。

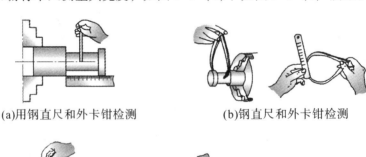

(a)用钢直尺和外卡钳检测　　　　　　　　(b)钢直尺和外卡钳检测

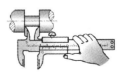

(c)用外径千分尺测量　　　(d)用样板测量　　　(e)用游标卡尺测量

图 5-5　工件的检测

5.4 项目实施

任务编号：CG1-4-1	建议学时：2 学时
教学地点：	小组成员姓名：

一、任务工作（添加相关专业任务）

任务 1：说出切断与切槽的区别。

任务 2：写出图 5-7 切槽的加工步骤。

任务 3：加工完成图 5-6 和图 5-7

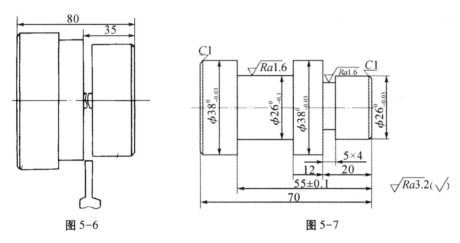

图 5-6　　　　　　　　　　　图 5-7

二、相关资源（添加需要的教学资源）

1.《机械加工》主编：李佳南　北京理工大学出版社　ISBN 978-7-5682-8005-7
（用关键词查询相关网络资料）；

2. 进入网页 https://www.meihua.info/，浏览优秀创意作品

三、任务实施

1. 完成分组，4~6 人为一小组，选出组长；

2. 围绕切断和切槽，学生查询资料，进行整理和分析，提交报告；

3. 小组合作完成任务，选出代表进行汇报

四、任务成果

（一）任务完成过程简介（学生完成加工过程简述）

（二）任务创新点（学生完成加工过程简述）

（三）多维创新点评价（自我评价、小组评价、老师评价）

（四）成果呈现

五、任务执行评价

任务评分标准

序号	考核指标	所占分值	备注	得分
1	完成情况	10	是否在规定时间内上交，等等	
2	内容	50	内容完成情况，等等	
3	质量	40	任务完成的质量，是否小组共同完成，等等	
			总分	

指导教师：

日期： 年 月 日

项目六

圆锥面的车削

6.1　任务描述

用普通车床车削图 6-1 所示带外圆锥的轴。

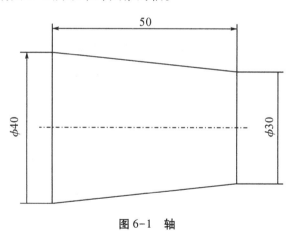

图 6-1　轴

6.2　任务目标

6.2.1　知识目标

（1）掌握百分表的使用方法。

（2）掌握偏移小拖板的车削圆锥方法。

（3）掌握轴向长度的控制方法。

6.2.2 能力目标

（1）学会带外圆锥轴类零件的工艺编制。
（2）学会切削用量的选择。
（3）学会合理地选用车刀和车刀角度。
（4）掌握安全操作的步骤。

6.2.3 素质素养目标

培养学生的安全生产意识和吃苦耐劳的精神；严格执行 5S 管理。

6.3 知识要点

6.3.1 圆锥面车削的方法

6.3.1.1 转动小滑板车圆锥体

车较短的圆锥体时，可以用转动小滑板的方法。小滑板的转动角度也就是小滑板导轨与车床主轴轴线相交的角度，它的大小应等于所加工零件的圆锥半角值，小滑板的转动方向决定于工件在车床上的加工位置（见图6-2）。

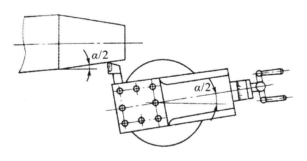

图6-2 转动小滑板车圆锥体

（1）转动小滑板车圆锥体的特点
①能车圆锥角度较大的工件，可超出小滑板的刻度范围。
②能车出整个圆锥体和圆锥孔，操作简单。
③只能手动进给，劳动强度大，但不易保证表面质量。
④受行程限制只能加工锥面不长的工件。
（2）小滑板转动角度的计算
根据被加工零件给定的已知条件，可应用下面公式计算圆锥半角：

车工工艺与技能训练

$$\tan a/2 = C/2 = D-d/2L$$

式中：$a/2$——圆锥半角；

    C——锥度；

    D——最大圆锥直径；

    d——最小圆锥直径；

    L——最大圆锥直径与最小圆锥直径之间的轴向距离。

应用上面公式计算出 $a/2$，须查三角函数表得出角度，比较麻烦，因此如果 $a/2$ 较小在 $10°\sim30°$，可用乘上一个常数的近似方法来计算。即：$a/2 = $ 常数 $\times D-d/L$，其常数可从表6-1查出。

表 6-1　小滑板转动角度的计算常数

$\dfrac{D-d}{L}$ 或 C	常数	备注
0.10~0.20	28.6°	本表适用 $\dfrac{a}{2}$ 在 8°~13°。
0.20~0.39	28.5°	6°以下常数值为28.7°
0.29~0.36	28.4°	
0.36~0.40	28.3°	
0.40~0.45	28.2°	

（3）对刀方法

①车外锥时，利用端面中心对刀（见图6-3）。

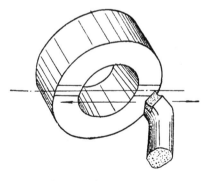

图 6-3　对刀方法

②车内锥时，可利用尾座顶尖对刀或者在孔端面上涂上显示剂，用刀尖在端面上划一条直线，卡盘旋转180°，再划一条直线，确保重合则车刀已对准中心，否则继续调整垫片厚度直到对准中心。

（4）加工锥度的方法及步骤

①方法

a. 百分表小验锥度法。

尾座套筒伸出一定长度，涂上显示剂，在尾座套筒上取一定尺（一般应长于锥长），将百分表装在小滑板上，根据锥度要求计算出百分表在定尺上的伸缩量，然后紧固小滑板螺钉。此种方法一般不需试切削。

b. 空对刀法

利用锥比关系先把锥度调整好，再车削。此方法是先车外圆，在外圆上涂色，取一个合适的长度并划线；然后调小滑板锥度，紧固小滑板螺钉，摇动中滑板使车刀轻微接触外圆，并摇动小滑板使其从线的一端到另一端；再摇动中滑板前进刀具并记住刻度盘刻度，并计算锥比关系，如果中滑板前进的刻度在计算值±0.1格，则小滑板锥度合格。如果中滑板前进的刻度大了，则说明锥度大了；如果中滑板前进的刻度小了，则说明锥度小。

②步骤

a. 根据图纸得出角度，将小滑板转盘上的两个螺母松开，转动一个圆锥半角后固定两个螺母。

b. 进行试切削并控制尺寸，锥度在五次以内为合格。

c. 检查。

（5）车锥体尺寸的控制方法

①计算法：

$$ap = a \times C/2$$

式中：ap——背吃刀量；

a——锥体剩余长度；

C——锥度。

②移动床鞍法：量出长度 a，使车刀轻轻接触工件小端表面，接着移动小滑板，使车刀离开工件平面一个 a 的距离，然后移动床鞍，使车刀同工件平面接触，这时虽然没有移动中滑板，但车刀已切入一个需要的深度（见图6-4）。

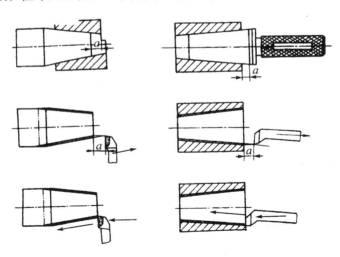

图6-4　移动床鞍法

（6）容易产生的问题和注意事项

①车削前需要调整小滑板的镶条，使其松紧适当。

②车刀必须对准工件旋转中心，避免产生双曲线（母线不直）误差。

③车削圆锥体前对圆柱直径的要求，一般按圆锥体大端直径放余量 1 mm 左右。

④应两手握小滑板手柄，均匀移动小滑板。

⑤车削时，进刀量不宜过大，应先找正锥度，以防车小报废。精车余量 0.5 mm。

⑥用量角器检查锥度时，测量边应通过工件中心。用套轨检查时，工件表面粗糙度要小，涂色要均匀，转动一般在半圈之内，多责易造成误判。

⑦转动小滑板时，应稍大于圆锥半角，然后逐步找正。调整时，只需把紧固的螺母稍松一些，用左手拇指紧贴小滑板转盘与中滑板底盘上，用铜棒轻轻敲小滑板所需找正的方向，凭手指的感觉决定微调量，这样可较快找正锥度。注意要消除中滑板间隙。

⑧当车刀在中途刃磨以后装夹时，必须重新调整位置，使刀尖严丝合缝地对准中心。

⑨注意扳紧固螺钉时易打滑伤手。

6.3.1.2 车内圆锥

车圆锥孔比车圆锥体困难，因为车削工作在孔内进行，不易观察，所以要特别小心。为了便于测量，装夹工件时应使锥孔大端直径的位置在外端。

（1）转动小滑板车圆锥孔

①先用直径小于锥孔小端直径 1~2 mm 的钻头钻孔（或车孔）。

②调整小滑板镶条松紧及行程距离。

③用钢直尺测量的方法装夹车刀。

④转动小滑板角度的方法与车外圆锥相同，但方向相反。应顺时针转过圆锥半角，进行车削。当锥形塞规能塞进孔约 1/2 长时，用涂色法检查，并找正锥度（见图 6-5）。

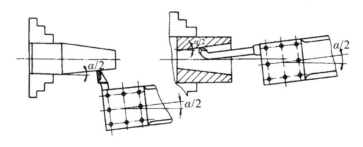

图 6-5　车配套圆锥面的方法

（2）用反装刀法和主轴反转法车圆锥孔。

①先把外锥车好。

②不要变动小滑板角度，反装车刀或用左镗孔刀进行车削。

③用左镗孔刀进行车削时，车床主轴应反转。

（3）切削用量的选择

①切削速度比车外圆锥时低 10%～20%。

②手动进给量要始终保持均匀，不能有停顿与快慢现象。最后一刀的切削深度一般硬质合金取 0.3，高速钢取 0.05～0.1，并加切削液。

（4）容易产生的问题和注意事项

①车刀必须对准工件中心。

②粗车时不宜进刀过深，应先找正锥度（检查塞规与工件是否有间隙）。

③用塞规涂色检查时，必须注意孔内清洁，转动量在半圈之内。

④取出塞规时要注意安全，不能敲击，以防工件移位。车削内外锥配合的工件时，注意最后一刀的计算要准确。

6.3.1.3 偏移尾座车削圆锥体

车锥度小、锥型部分较长的圆锥面时，可用偏移尾座的方法（见图 6-6）。将尾座上滑板横向偏移一个距离 S，使偏位后两顶尖连线与车床轴线相交形成 $a/2$ 角度，尾座偏移方向取决于圆锥工件大小头在两顶尖间的加工位置。尾座偏移量与工件总长有关。

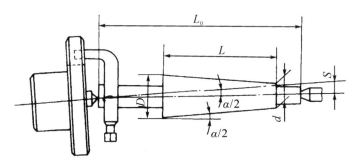

图 6-6 偏移尾座车削圆锥体

（1）偏移尾座车削圆锥体的特点。

①适宜于加工锥度较小、精度不高、锥体较长的工件。

②可以纵向机动进给车削，因此工件表面质量较好。

③不能车削圆锥孔及整锥体。

④易造成顶尖和中心孔的不均匀磨损。

（2）尾座偏移量的计算：

$$S = \frac{D - d}{2L}L_0 = \frac{C}{2}L_0$$

式中：S ——尾座偏移量，mm；

　　　　D ——最大圆锥直径，mm；

　　　　d ——最小圆锥直径，mm；

　　　　L ——工件圆锥部分，mm；

　　　　L_0——工件的总长，mm；

　　　　C ——锥度。

（3）偏移尾座车削圆锥体的方法。

①应用尾座下层的刻度：偏移时，松开尾座紧固螺钉，用内六方扳手转动尾座上层两侧的螺钉使其移动一个 S，然后拧紧尾座紧固螺母。

②应用中滑板的刻度：在刀架上夹一铜棒，摇动中滑板使铜棒和尾座套筒接触，记下刻度，根据 S 的大小算出中滑板应转过几格，接着按刻度使铜棒退出，然后偏移尾座的上层，使套筒与铜棒轻微接触为止。

③应用百分表法：把百分表固定在刀架上，使百分表与尾座套筒接触，找正百分表零位，然后偏移尾座，当百分表指针转动一个 S 时把尾座固定（见图6-7）。

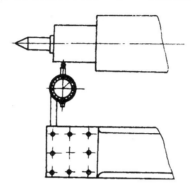

图6-7　应用百分表法偏移尾座

（4）工件装夹

①把两顶夹的距离调整到工件中总长，尾坐套筒在尾坐内伸出量一般小于套筒总长度的二分之一。

②两个中心孔内须加润滑油（黄油）。

③工件在两顶尖间的松紧程度，以手不用力就能拨动工件（只要没有轴向窜动）为宜。

（5）模式套规检查锥体

①在工件上涂色应薄而均匀，套规转动在半圈以内，根据与工件的摩擦痕迹来确定锥度是否合格。要求接触面在60%以上。

②根据套规的公差界限中心与被测工件端面的距离来计算切削深度。

（6）容易产生的问题和注意事项

①车刀应对准工件中心，以防母线不直。

②粗车时进刀不宜过深，应先找正锥度，以防车小工件致报废。

③随时注意两顶尖间的松紧和前顶尖的磨损情况，以防工件飞出伤人。

④如果工件数量较多，其长度和中心孔的深浅、大小必须一致。

⑤精加工锥面时，ap 和 f 都不能太大，否则影响锥面加工质量。

6.3.2　圆锥的检测

6.3.2.1　用量角器测量（适用于精度不高的圆锥表面）。

根据工件角度调整量角器的安装，量角器基尺与工件端面通过中心靠平，直尺与圆锥母线接触，利用透光法检查，人视线与检测线等高，在检测线后方衬一白纸以增加透视效果，若合格即为一条均匀的白色光线。当检测线从小端到大端逐渐增宽，即锥度小，反之则大，需要调整小滑板角度（见图6-8）。

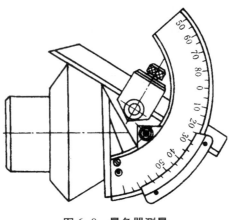

图6-8　量角器测量

6.3.2.2　用套规检查（适用于较高精度锥面）

（1）可通过感觉来判断套规与工件大小端直径的配合间隙，调整小滑板角度（见图6-9）。

（2）在工件表面上顺着母线相隔120°而均匀地涂上三条显示剂。

（3）把套规套在工件上转动半圈（之内）。

（4）取下套规检查工件锥面上显示剂情况，若显示剂在圆锥大端被擦去，小端未被擦去，表明圆锥半角小，否则圆锥半角大。根据显示剂擦去情况调整锥度。

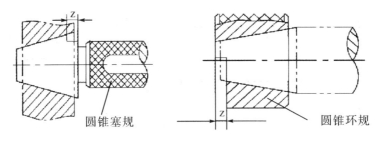

圆锥塞规　　　　　　　　　　　　　　　圆锥环规

图6-9　套规检查

6.3.2.3　圆锥孔的检查

（1）用卡尺测量锥孔直径。

（2）用塞规涂色检查，并控制尺寸。

（3）根据塞规在孔外的长度计算车削余量，并用中滑板刻度进刀。

6.3.2.4　百分表测量倾斜度

测量时将被测零件放置在定角座上，没有合适的定角座时，可以用放在正弦或精密转台来代替。调整被测零件，使整个被测表面的读数差为最小，取指示表的最大值 M_{max} 与最小示值 M_{min} 之差作为倾斜度误差值。即：

$$f = M_{max} - M_{min}$$

6.4 项目实施

任务编号：CG1-4-1	建议学时：2 学时
教学地点：	小组成员姓名：

一、任务工作（添加相关专业任务）

加工完成图 6-10

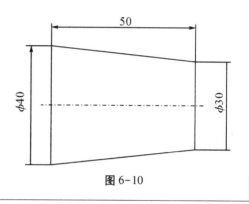

图 6-10

二、相关资源（添加需要的教学资源）

1.《机械加工》主编：李佳南　北京理工大学出版社　ISBN 978-7-5682-8005-7
（关键词查询相关网络资料）；

2. 进入网页 https://www.meihua.info/，浏览优秀创意作品

三、任务实施

1. 完成分组，4~6 人为一小组，选出组长；

2. 围绕圆锥面的车削，学生查询资料，进行整理和分析，提交报告；

3. 小组合作完成任务，选出代表进行汇报

四、任务成果

（一）任务完成过程简介（学生完成加工过程简述）

（二）任务创新点（学生完成加工过程简述）

（三）多维创新点评价（自我评价、小组评价、老师评价）

（四）成果呈现

五、任务执行评价

任务评分标准

序号	考核指标	所占分值	备注	得分
1	完成情况	10	是否在规定时间内上交，等等	
2	内容	50	内容完成情况，等等	
3	质量	40	任务完成的质量，是否小组共同完成，等等	
		总分		

指导教师：

日期：　　年　　月　　日

螺纹的车削

7.1 任务描述

用车床车削工件（见图7-1、图7-2）。

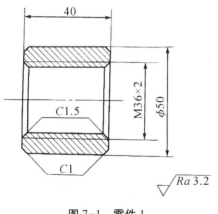

图7-1 零件1

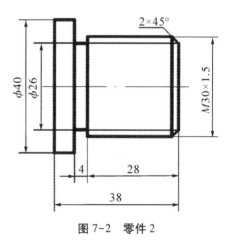

图7-2 零件2

7.2 任务目标

7.2.1 知识目标

（1）熟悉螺纹的基础知识。

（2）掌握车削螺纹的方法。

（3）掌握螺纹的检测方法。

7.2.2 能力目标

（1）能正确选用螺纹车刀加工工件。

（2）能车削内外螺纹。

（3）掌握安全操作的步骤。

7.2.3 素质素养目标

培养学生的安全生产意识和吃苦耐劳的精神。严格执行 5S 管理。

7.3 知识要点

7.3.1 螺纹的基础知识

7.3.1.1 螺纹种类

螺纹种类如表 7-1 所示。

按牙型可分为三角形、梯形、矩形、锯齿形和圆弧螺纹；

按螺纹旋向可分为左旋和右旋；

按螺旋线条数可分为单线和多线；

按螺纹母体形状分为圆柱和圆锥等。

表 7-1　螺纹种类

螺纹种类			特征代号	外形图	用途
联接螺纹	普通螺纹	粗牙	M		是最常用的联接螺纹
		细牙			用于细小的精密或薄壁零件
	管螺纹		G		用于水管、油管、气管等薄壁管子上，用于管路的联接
传动螺纹	梯形螺纹		Tr		用于各种机床的丝杠，做传动用
	锯齿形螺纹		B		只能传递单方向的动力

7.3.1.2　螺纹的要素

螺纹包括五个要素：牙型、公称直径、线数、螺距（或导程）、旋向。

（1）牙型

在通过螺纹轴线的剖面区域上，螺纹的轮廓形状称为牙型。有三角形、梯形、锯齿形、圆弧和矩形等牙型（见图 7-3）。

螺纹的牙型比较：

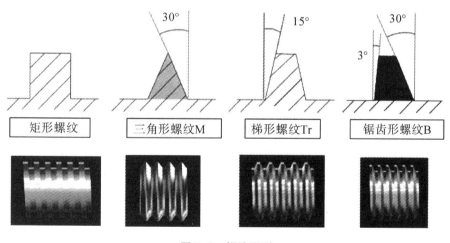

图 7-3　螺纹牙型

（2）直径

螺纹有大径（d、D）、中径（d_2、D_2）、小径（d_1、D_1），在表示螺纹时采用的是公称直径，公称直径是代表螺纹尺寸的直径（见图 7-4）。

普通螺纹的公称直径就是大径。

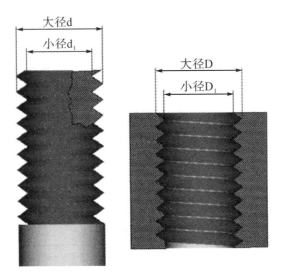

外螺纹（左）　　　　　内螺纹（右）

图 7-4　螺纹直径

（3）线数

沿一条螺旋线形成的螺纹称为单线螺纹，沿轴向等距分布的两条或两条以上的螺旋线形成的螺纹称为多线螺纹（见图 7-5）。

单线螺纹（左）　　　　　双线螺纹（右）

图 7-5　螺纹线数

（4）螺距和导程

螺距（p）是相邻两牙在中径线上对应两点间的轴向距离。

导程（ph）是同一条螺旋线上的相邻两牙在中径线上对应两点间的轴向距离。

如图 7-6 所示。

单线螺纹时，导程＝螺距；多线螺纹时，导程＝螺距×线数。

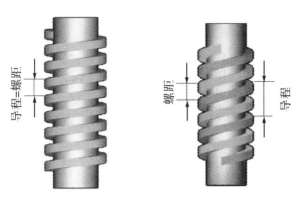

图 7-6　螺距和导程

（5）旋向

顺时针旋转时旋入的螺纹称为右旋螺纹。

逆时针旋转时旋入的螺纹称为左旋螺纹。

如图 7-7 所示。

图 7-7　螺纹旋向

7.3.1.3　螺纹车刀的主要角度

要车好螺纹，必须正确刃磨刀螺纹车刀，螺纹车刀按加工性质属于成型刀具，其切削部分的形状应当和螺纹牙形的轴向剖面形状相符合，即车刀的刀尖角应该等于牙形角（见图 7-8）。

（1）三角形螺纹车刀的几何角度

①刀尖角应该等于牙形角。车普通螺纹时为 60°，英制螺纹为 55°。

②前角一般为 0°~10°。因为螺纹车刀的纵向前角对牙形角有很大影响，所以精车时或精度要求高的螺纹，径向前角取得小一些，0°~5°。

③后角一般为 5°~10°。因受螺纹升角的影响，进刀方向一面的后角应磨得稍大一些。但大直径、小螺距的三角形螺纹，这种影响可忽略不计。

（2）三角形螺纹车刀的刃磨

①刃磨要求

a. 根据粗、精车的要求，刃磨出合理的前、后角。粗车刀前角大、后角小，精车刀则相反。

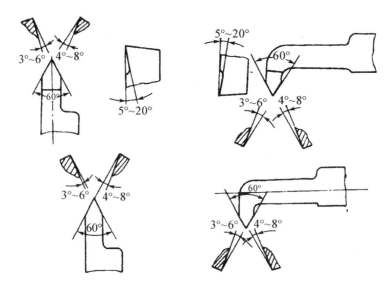

图 7-8　螺纹车刀几何角度

b. 车刀的左右刀刃必须是直线，无崩刃。

c. 刀头不歪斜，牙型半角相等。

d. 内螺纹车刀刀尖角平分线必须与刀杆垂直。

e. 内螺纹车刀后角应适当大些，一般磨有两个后角。

②刀尖角的刃磨和检查

由于螺纹车刀刀尖角要求高、刀头体积小，因此刃磨起来比一般车刀困难。在刃磨高速钢螺纹车刀时，若感到发热烫手，必须及时用水冷却，否则容易引起刀尖退火；刃磨硬质合金车刀时，应注意刃磨顺序，一般是先将刀头后面适当粗磨，随后再刃磨两侧面，以免产生刀尖爆裂。在精磨时，应注意防止压力过大而震碎刀片，同时要防止刀具在刃磨时骤冷而损坏刀具。

为了保证磨出准确的刀尖角，在刃磨时可用螺纹角度样板测量（见图 7-9）。测量时把刀尖角与样板贴合，对准光源，仔细观察两边贴合的间隙，并进行修磨。

对于具有纵向前角的螺纹车刀可以用一种厚度较厚的特制螺纹样板来测量刀尖角，如图 7-9（b）所示。测量时样板应与车刀底面平行，用透光法检查，这样量出的角度近似等于牙形角。

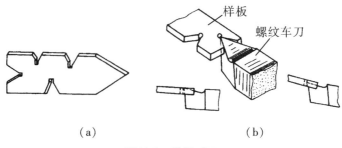

（a）　　　　　　　　　　　　（b）

图 7-9　样板对刀

（3）看生产实习图和确定工件的操作步骤

①粗磨主、副后面（刀尖角初步形成）。

②粗、精磨前面或前角。

③精磨主副后面，刀尖角用样板检查修正。

④车刀刀尖倒棱宽度一般为0.1×螺距。用油石研磨。

（4）容易产生的问题和注意事项

①磨刀时，人的站立位置要正确，特别在刃磨整体式内螺纹车刀内测刀刃时，不小心就会使刀尖角磨歪。

②刃磨高速钢车刀时，宜选用80#氧化铝砂轮，磨刀时压力应小于一般车刀，并及时蘸水冷却，以免过热而失去刀刃硬度。

③粗磨时也要用样板检查刀尖角，若磨有纵向前角的螺纹车刀，粗磨后的刀尖角略大于牙形角，待磨好前角后再修正刀尖角。

④刃磨螺纹车刀的刀刃时，要稍带移动，这样容易使刀刃平直。

⑤刃磨车刀时要注意安全。

7.3.2 螺纹加工

7.3.2.1 车三角形外螺纹

在机器制造业中，三角形螺纹应用很广泛，常用于连接、紧固；在工具和仪器中还往往用于调节。

三角形螺纹的特点：螺距小、一般螺纹长度短。其基本要求是，螺纹轴向剖面必须正确、两侧表面粗糙度小；中径尺寸符合精度要求；螺纹与工件轴线保持同轴。

螺纹车刀的装夹

①装夹车刀时，刀尖一般应对准工件中心（可根据尾座顶尖高度检查）。

②车刀刀尖角的对称中心线必须与工件轴线垂直，装刀时可用样板来对刀，见图7-10（a）。如果把车刀装歪，就会产生图7-10（b）所示的牙型歪斜。

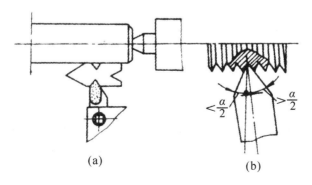

(a)　　　　(b)

图7-10　用样板对刀

③刀头伸出不要过长，一般为20~25 mm（约为刀杆厚度的1.5倍）。

（1）车螺纹时车床的调整

①变换手柄位置：一般按工件螺距在进给箱铭牌上找到交换齿轮的齿数和手柄位置，并把手柄拨到所需的位置上。

②调整滑板间隙：调整中、小滑板镶条时，不能太紧，也不能太松。太紧了，摇动滑板费力，操作不灵活；太松了，车螺纹时容易产生"扎刀"。顺时针方向旋转小滑板手柄，消除小滑板丝杠与螺母的间隙。

（2）车螺纹时的动作练习

①选择主轴转速为 200 r/min 左右，开动车床，将主轴到、顺转数次，然后合上开合螺母，检查丝杠与开合螺母的工作情况是否正常，若有跳动和自动抬闸现象，必须消除。

②空刀练习车螺纹的动作，选螺距 2 mm，长度为 25 mm，转速 165~200 r/min。开车练习开合螺母的分合动作，先退刀、后提开合螺母，动作要协调。

③试切螺纹，在外圆上根据螺纹长度，用刀尖对准，开车并径向进给，是车刀与工件轻微接触，车一条刻线作为螺纹终止退刀标记（见图 7-11），并记住中滑板刻度盘读数，后退刀。将床鞍摇至离断面 8 至 10 牙处，径向进给 0.05 mm 左右，调整刻度盘 "0" 位（以便车螺纹时掌握切削深度），合下开合螺母，在工件上车一条有痕螺旋线，到螺纹终止线时迅速退刀，提起开合螺母，用钢直尺或螺距规检查螺距。

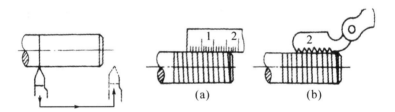

（a）　　　　　　（b）

图 7-11　试切螺纹

（3）车无退刀槽的钢件螺纹

①车钢件螺纹的车刀：一般选用高速钢车刀。为了排屑顺利，磨有纵向前角。

②车削方法：采用左右切削法或斜进法（见图 7-12）。车螺纹时，除了用中滑板刻度控制车刀的径向进给外，同时使用小滑板的刻度，使车刀左、右微量进给。采用左右切削法时，要合理分配切削余量。粗车时亦可用斜进法，顺走刀一个方向偏移。一般每边留精车余量 0.2~0.3 mm。精车时，为了使螺纹两侧面都比较光洁，当一侧面车光以后，再将车刀偏移另一侧面车削。两面均车光后，再将车刀移至中间，用直进法把牙底车光，保证牙底清晰。精车使用低的机床转速（$n<30$ r/min）和浅的进刀深度（$ap<0.1$ mm）。粗车时 $n=80~100$ r/min，$ap=0.15~0.3$ mm。

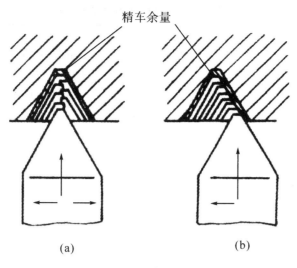

精车余量

(a)   (b)

图 7-12　车削方法

这种切削法操作较复杂，偏移的赶刀量要适当，否则会将螺纹车乱或牙顶车尖。它适用于低速切削螺距大于 2mm 的塑性材料。由于车刀用单刃切削，所以不容易产生扎刀现象。在车削过程中亦可用观察法控制左右微量进给。当排出的切屑很薄时（像锡箔一样，见图 7-13），车出的螺纹表面粗糙度就会很小。

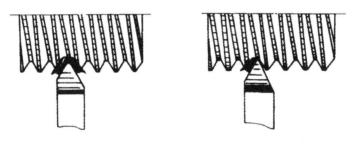

图 7-13　车刀控制方法

③乱牙及其避免方法：使用按、提开合螺母车螺纹时，应首先确定被加工螺纹的螺距是否乱牙，如果乱牙，可采用倒顺车法。即，使用操纵杆正反车切削。

④切削液：低速车削时必须加乳化液。

（4）车有退刀槽的螺纹

有很多螺纹，由于工艺和技术上的要求，须有退刀槽。退刀槽的直径应小于螺纹小径（便于拧螺母），槽宽约为 2~3 个螺距。车削时车刀移至槽中即退刀，并提开合螺母或开倒车。

低速车螺纹时切削用量的选择（见表 7-2）。

表 7-2　低速车螺纹时切削用量的选择

进刀数	M24 P = 3 mm 中滑板进刀格数	小滑板赶刀(借刀)格数 左	小滑板赶刀(借刀)格数 右	M20 P = 2.5 mm 中滑板进刀格数	小滑板赶刀(借刀)格数 左	小滑板赶刀(借刀)格数 右	M16 P = 2 mm 中滑板进刀格数	小滑板赶刀(借刀)格数 左	小滑板赶刀(借刀)格数 右
1	11	0		11	0		10	0	
2	7	3		7	3		6	3	
3	6	3		5	3		4	2	
4	4	2		3	2		2	2	
5	3	2		2	1		1		1/2
6	3	1		1	1		1		1/2
7	2	1		1	0		1/4		1/2
8	1	1/2		1/2	1/2		1/4		$2\frac{1}{2}$
9	1/2	1		1/4	1/2		1/2		1/2
10	1/2	0		1/4		3	1/2		1/2
11	14	1/2		1/2		0	1/4		1/2
12	1/4	1/2		1/2		1/2	1/4		0
13	1/2		3	1/4		1/2	螺纹深度=1.3 mm　n=26 格		
14	1/2		0	1/4		0			
15	1/4		1/2	螺纹深度=1.625 mm　$n=32\frac{1}{2}$格					
16	1/4		0						
	螺纹深度=1.95 mm　n=39 格								

说明：①小滑板每格为 0.04 mm；②中滑板每格为 0.05 mm；③粗车选 110~180 r/min，精车选 44~72 r/min。

（5）车削三角形螺纹的计算方法（见表 7-3）：

表 7-3　车削三角形螺纹的计算方法

	名称	代号	计算
外螺纹	牙形角	a	60°
	原始三角形高度	H	$H = 0.866P$
	牙型高度	h	$h = \dfrac{5}{8}H = \dfrac{5}{8} \times 0.866P = 0.5413P$
	中径	d_2	$d_2 = d - 2 \times \dfrac{3}{8}H = d - 0.6495P$
	小径	d_1	$d_1 = d - 2h = d - 1.0825P$
内螺纹	中径	D_2	$D_2 = d_2$
	小径	D_1	$D_1 = d_1$
	大径	D	$D = d =$ 公称直径
螺纹升角		ψ	$\tan\psi = \dfrac{nP}{\pi d_2}$

7.3.2.2　车三角形内螺纹

三角形内螺纹工件形状常见的有三种，即通孔、不通孔和台阶孔（见图7-14）。其中通孔内螺纹容易加工。在加工内螺纹时，由于车削的方法和工件形状的不同，因此所选用的螺纹车刀也不相同。

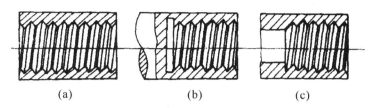

(a)　　　　　　　　(b)　　　　　　　　(c)

图7-14　三角形内螺纹三种形状

工厂中最常见的内螺纹车刀如图7-15所示。

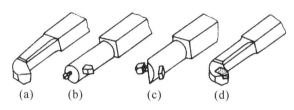

(a)　　　(b)　　　(c)　　　(d)

图7-15　内螺纹车刀

（1）内螺纹车刀的选择和装夹

①内螺纹车刀的选择：内螺纹车刀是根据它的车削方法和工件材料及形状来选择的。它的尺寸大小受到螺纹孔径尺寸限制，一般内螺纹车刀的刀头径向长度应比孔径小3~5 mm，否则退刀时要碰伤牙顶，甚至不能车削。刀杆的大小在保证排屑的前提下，尽量要粗壮些。

②车刀的刃磨和装夹：内螺纹车刀的刃磨方法和外螺纹车刀基本相同。但是刃磨刀尖时要注意它的平分线必须与刀杆垂直，否则车内螺纹时会出现刀杆碰伤内孔的现象（见图7-16）。刀尖宽度应符合要求，一般为0.1×螺距。

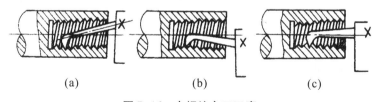

(a)　　　　　　　　(b)　　　　　　　　(c)

图7-16　内螺纹车刀刃磨

在装刀时，必须严格按样板找正刀尖，否则车削后会出现倒牙现象。刀装好后，应在孔内摇动床鞍至终点检查是否碰撞（见图7-17）：

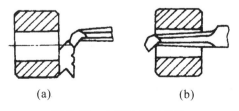

(a)　　　　　　　　(b)

图7-17　内螺纹车刀安装

（2）三角形内螺纹孔径的确定

在车内螺纹时，首先要钻孔或扩孔，孔径公式一般可采用下面公式计算：

$$D\text{孔} \approx d - 1.05p$$

（3）车通孔内螺纹的方法

①车内螺纹前，先把工件的内孔、平面及倒角车好。

②开车空刀练习进刀，退刀动作，车内螺纹时的进刀和退刀方向和车外螺纹时相反（见图7-18）。练习时，需在中滑板刻度圈上做好退刀和进刀记号。

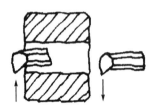

图7-18　内螺纹车刀练习动作

③进刀切削方式和外螺纹相同，螺距小于1.5 mm或铸铁螺纹采用直进法；螺距大于2 mm采用左右切削法。为了改善刀杆受切削力变形，它的大部分余量应先在尾座方向上切削掉，然后车另一面，最后车螺纹大径。车内螺纹目测困难时，一般根据观察排屑情况进行左右赶刀切削，并判断螺纹表面的粗糙度。

（4）车盲孔或台阶孔内螺纹

①车退刀槽，它的直径应大于内螺纹大径，槽宽为2~3个螺距，并与台阶平面切平。

②选择盲孔车刀。

③根据螺纹长度加上1/2槽宽在刀杆上做好记号，作为退刀，开合螺母起闸之用。

④车削时，中滑板手柄的退刀和开合螺母起闸测动作要迅速、准确、协调，保证刀尖在槽中退刀。

⑤切削用量和切削液的选择和车外三角螺纹时相同。

7.3.2.3　车梯形螺纹

（1）梯形螺纹车刀的几和角度和刃磨要求

梯形螺纹有英制和米制两类，米制牙形角30°，英制29°，一般常用的是米制螺纹。梯形螺纹车刀分粗车刀和精车刀两种。

（1）梯形螺纹车刀的角度（见图7-19）

a. 两刃夹角：粗车刀应小于牙形角，精车刀应等于牙形角。

b. 刀尖宽度：粗车刀的刀尖宽度应为1/3螺距宽。精车刀的刀尖宽应等于牙底宽减0.05mm。

c. 纵向前角：粗车刀一般为15°左右，精车刀为了保证牙形角正确，前角应等于0°，但实际生产时取5°~10°。

d. 纵向后角：一般为 $6°\sim8°$。

e. 两侧刀刃后角：$a1 = (3-5) + \psi$ $\qquad$ $a2 = (3-5) + \psi$

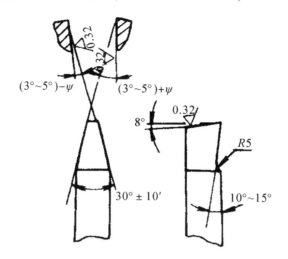

图 7-19 外梯形螺纹车刀角度

②梯形螺纹的刃磨要求

a. 用样板校对刃磨两刀刃夹角（见图7-20）。

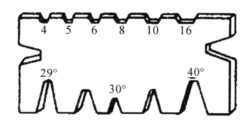

图 7-20 梯形螺纹车刀对刀样板

b. 有纵向前角的两刃夹角应进行修正。

c. 车刀刃口要光滑、平直、无虚刃，两侧副刀刃必须对称刀头不能歪斜。

d. 用油石研磨去各刀刃的毛刺。

（2）刃磨步骤：

①粗磨主、副后面，刀尖角初步成形。

②粗、精磨前面或前角。

③精磨主后刀面、副后刀面刀尖用样板修正。

（3）注意事项

①刃磨两侧副后刀面时，应考虑螺纹的左右旋向和螺纹升角的大小，然后确定两侧后角的增减。

②刃磨高速钢车刀，应随时冷却，以防退火。

③梯形螺纹车刀的刀尖角的角平分线应与刀杆垂直。

7.3.3 螺纹的检测

（1）大径的测量：螺纹大径的公差较大，一般可用游标卡尺或千分尺，见图7-21。

（2）螺距的测量：螺距一般用钢板尺测量，普通螺纹的螺距较小，在测量时，根据螺距的大小，最好量2~10个螺距的长度，然后除以2~10，就得出一个螺距的尺寸。如果螺距太小，则用螺距规测量，测量时把螺距规平行于工件轴线方向嵌入牙中，如果完全符合，则螺距是正确的。

（3）中径的测量：精度较高的三角螺纹，可用螺纹千分尺测量，所测得的千分尺读数就是该螺纹的中径实际尺寸。

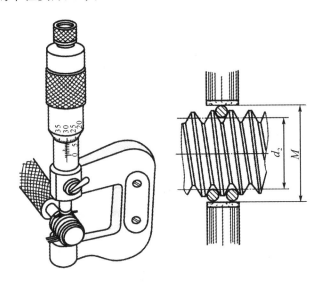

图7-21　用千分尺测量螺纹

（4）综合测量：用螺纹环规综合检查三角形外螺纹（见图7-22）。首先应对螺纹的直径、螺距、牙形和粗糙度进行检查，然后再用螺纹环规测量外螺纹的尺寸精度。如果环规通端拧进去，而止端拧不进，说明螺纹精度合格。对精度要求不高的螺纹也可用标准螺母检查，以拧上工件时是否顺利和松动的感觉来确定。检查有退刀槽的螺纹时，环规应通过退刀槽与台阶平面靠平。

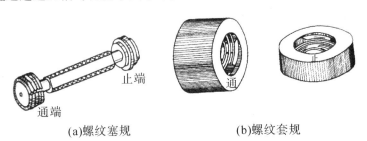

(a)螺纹塞规　　　　　(b)螺纹套规

图7-22　用螺纹环规测量螺纹

7.4 项目实施

任务编号：CG1-4-1	建议学时：2 学时
教学地点：	小组成员姓名：

一、任务工作（添加相关专业任务）

任务 1：说出内外螺纹的种类有哪些？

任务 2：加工完成图 7-23。

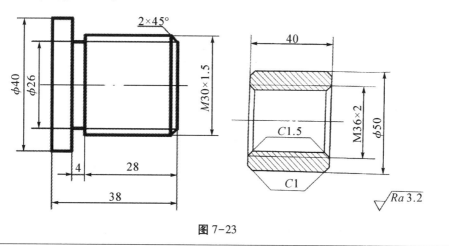

图 7-23

二、相关资源（添加需要的教学资源）

1.《机械加工》主编：李佳南　北京理工大学出版社　　ISBN 978-7-5682-8005-7（关键词查询相关网络资料）；

2. 进入网页 https://www.meihua.info/，浏览优秀创意作品

三、任务实施

1. 完成分组，4~6 人为一小组，选出组长；

2. 围绕 XX，学生查询资料，进行整理和分析，提交报告；

3. 小组合作完成任务，选出代表进行汇报

四、任务成果

（一）任务完成过程简介（学生完成加工过程简述）

（二）任务创新点（学生完成加工过程简述）

（三）多维创新点评价（自我评价、小组评价、老师评价）

（四）成果呈现

五、任务执行评价

任务评分标准

序号	考核指标	所占分值	备注	得分
1	完成情况	10	是否在规定时间内上交，等等	
2	内容	50	内容完成情况，等等	
3	质量	40	任务完成的质量，是否小组共同完成，等等	
总分				

指导教师：

日期：　　　年　　　月　　　日

项目八

成型面的车削

8.1 任务描述

按图 8-1 加工工件。

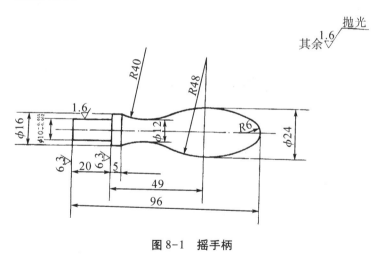

图 8-1 摇手柄

8.2 任务目标

8.2.1 知识目标

（1）掌握车手柄的步骤和方法。

（2）按图样要求用样板进行测量。

（3）掌握简单的表面修光方法。

8.2.2 能力目标

（1）能分辨成型刀的种类。

（2）能车削成型面和滚花。

（3）掌握安全操作的步骤。

8.2.3 素质素养目标

培养学生安全生产意识，吃苦耐劳的精神。严格执行5S管理。

8.3 知识要点

8.3.1 成型刀具

在机器制造中，经常遇到有些零件表面不是直线而是曲线，如单球手柄、三球手柄和摇手柄等，我们把带有曲线的表面叫成型面（或特型面）（见图8-2）。

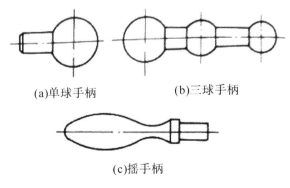

(a)单球手柄　　　　(b)三球手柄

(c)摇手柄

图8-2　成型面

常用的成型刀有整体式普通成型刀（样板刀）、棱形成型刀和圆形成型刀等多种。

（1）整体式普通成型刀

这种车刀与普通车刀相似，只是将主切削刃磨成和工件表面相同的曲线（见图8-3）。

图8-3　整体式普通成型刀

（2）棱形成型刀

棱形成型刀由刀体和刀柄两部分组成（见图8-4）。棱形成型刀调整方便、精度较高、寿命较长，但制造麻烦，适用于数量较多、精度要求高的成型面的车削。

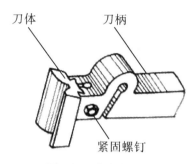

图8-4　棱形成型刀

（3）圆形成型刀

圆形成型刀的刀体做成圆轮形〔见图8-5(a)〕，在圆轮上铣有缺口，以形成前刀面和主切削刃。为减小车削时的振动，常将刀体装夹在弹性刀柄上〔见图8-5(b)〕。为防止圆轮在车削时转动，在刀体侧面加工有端面齿，使之与刀柄侧面的端面齿啮合。

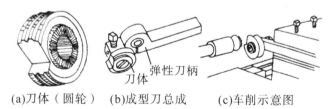

(a)刀体（圆轮）　(b)成型刀总成　　(c)车削示意图

图8-5　圆形成型刀

8.3.2　成型面的加工方法

（1）双手控制法

用双手同时摇动中滑板手柄和大滑板手柄，并通过目测协调双手进退动作，使车刀走过的轨迹与所要求的手柄曲线相仿。

其特点是：灵活方便，不需要其他辅助工具，但需操作工有较灵活的操作技术。

①操作步骤：以作业图为例（见图8-6）

a. 夹住外圆车平面和钻中心孔（前面已钻好）。

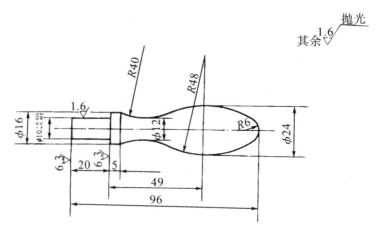

图 8-6　摇手柄

b. 工件伸出长约 110 mm，一夹一顶，粗车外圆 ø24 mm 长 100 mm、ø16 mm，长 45 mm、10 mm，长 20 mm（各留精车余量 0.1 mm 左右），见图 8-7（a）。

c. 从 ø16 mm 外圆的平面量起，长 17.5 mm 为中心线，用小圆头车刀车 12.5 mm 的定位槽，见图 8-7（b）。

d. 从 ø16 mm 外圆的平面量起，长大于 5 mm 开始切削、向 12.5 mm 定位槽处移动车 R 40 mm 圆弧面，见图 8-7（c）。

e. 从 ø16 mm 外圆的平面量起，长 49 mm 处为中心线，在 ø24 mm 外圆上向左、右方向车 R 48 mm 圆弧面，见图 8-7（d）。

f. 精车 ø10 mm. 长 20 mm 至尺寸要求，并包括 ø16 mm 外圆。

g. 用锉刀、砂布修整抛光（专用样板检查）。

h. 松去顶尖，用圆头车刀车 R 6 mm，并切下工件。

i. 调头垫铜皮，夹住 ø24 mm 外圆找正，用车刀或锉刀修整 R 6 mm 圆弧，并用砂布抛光，见图 8-7（e）。

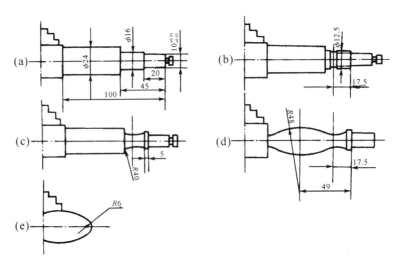

图 8-7　摇手柄加工

②注意事项

a. 要求培养学生的目测能力和协调双手控制进的技能。

b. 用纱布抛光时要注意安全。

（2）成型刀车削法

车削较大的内、外圆弧槽或数量较多的成型面工件时，常采用成型刀车削法。

常用的成型刀有整体式普通成型刀、棱形刀和圆形成型刀等。

（3）仿形法

用仿形法车削成型面，劳动强度小，生产率高、质量好，是一种比较先进的车削方法。仿形法车成型面特别适合于数量大、质量要求较高的成批大量生产。

①用靠板靠模法车削成型面（见图8-8）

用这种方法车削成型面，实际上与采用靠板靠模车圆弧的方法相同。只需把弧度靠模换成带有曲线的靠模，把滑板换成滚柱就可以了。

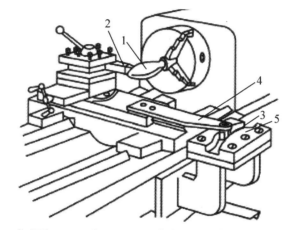

1——成型面；2——车刀；3——滚柱；4——拉杆；5——靠模

图8-8　用靠板靠模法车削成型面

②用尾座靠模车削成型面

这种方法与靠板靠模法不同之处，是把靠模装在尾座的套筒上，而不是装在车床的床身上（见图8-9）。其车削原理和靠板靠模法车成型面的原理完全一样。

（4）用专用工具车削成型面

用专用工具车削成型面的方法很多，这里主要介绍用专用工具车削内、外圆弧面。用专用工具车削内、外圆弧面的原理是：车刀刀尖运动的轨迹是一个圆弧（见图8-10），其圆弧半径和成型圆弧面半径相等。

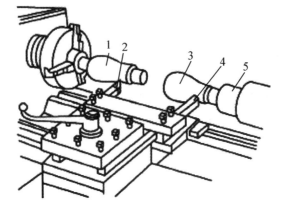

1——成型面；2——车刀；3——靠模；4——靠模杆；5——尾座

图 8-9　用尾座靠模车削成型面

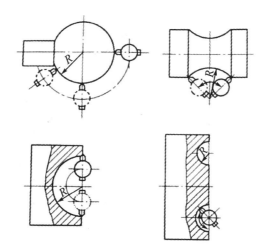

图 8-10　内、外圆弧面车削原理

（5）纱布抛光方法。

8.3.3　滚花

为了增加摩擦力和使零件表面美观，某些工具和机床零件的捏手部位往往在零件表面上滚压出各种不同的花纹。例如车床的刻度盘，外径千分尺的微分套管以及铰，攻扳手等。这些花纹一般是在车床上用滚花刀滚压而成的。

8.3.3.1　花纹的种类（见图 8-11）

（1）直花纹。

（2）斜花纹。

（3）网花纹。

8.3.3.2　滚花刀（见图 8-12）

（1）单轮——压直花纹和斜花纹。

（2）双轮——滚压网花纹。

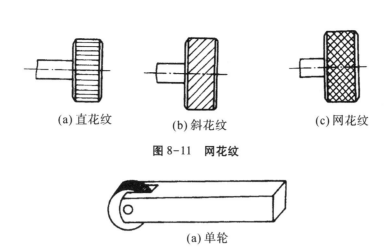

(a) 直花纹　　　(b) 斜花纹　　　(c) 网花纹

图 8-11　网花纹

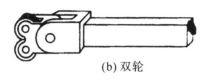

(a) 单轮

图 8-12　滚花刀

8.3.3.3　滚花方法

（1）由于滚花石工件表面产生塑性变形，所以在车削滚花外圆时，应根据工件材料的材质和滚花节距的大小，将滚花部位的外圆车小约 0.2～0.5 mm。

（2）滚花刀的安装应与工件表面平行。开始滚压时，挤压力要大，使工件圆周上一开始就形成较深的花纹，这样就不容易产生乱纹。为了减少开始时的径向压力，可用滚花刀宽度的二分之一或三分之一进行挤压，或把滚花刀尾部装的略向左偏一些，使滚花刀与工件表面形成一个很小的夹角，这样滚花刀就容易切入工件表面。停车检查花纹符合要求后，即可纵向机动进给，这样滚压一至二次就可完成。

（3）滚花时，应取较慢转速，并应浇注充分的冷却润滑液，以防滚轮发热损坏。

（4）由于滚花时径向压力较大，所以工件装夹必须牢靠。尽管如此，滚花时出现工件移位现象仍是难免的。因此在加工带有滚花的工件时，通常采用先滚花，然后找正工件，再精车的方法进行。

8.3.3.4　看生产图确定加工步骤

如图 8-13 所示。

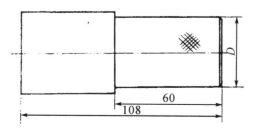

图 8-13　零件

（1）夹住毛坯外圆，找正，夹紧。

（2）车右端面，外圆 ø43 长 60 mm。

（3）滚斜纹。

（4）车外圆 ø41 长 60 mm。

（5）滚直纹。

（6）车外圆 ø40 长 60 mm。

（7）滚斜纹。

8.3.3.5　滚花时产生乱纹的原因和注意事项

（1）滚花时产生乱纹的原因

①滚花开始时，滚花刀与工件接触面积太大，使单位面积压力变小，易形成花纹微浅，出现乱纹。

②滚花刀转动不灵活，或滚刀槽中有细屑阻塞，有碍滚花刀压入工件。

③转速太高，滚花刀与工件容易产生滑动。

④滚轮间隙太大，产生径向跳动与轴向窜动等。

（2）滚花时的注意事项

①滚直花纹时，滚花刀的直纹必须与工件轴心线平行，否则挤压的花纹不直。

②在滚花过程中，不能用手和棉纱去接触工件滚花表面，以防危险。

③细长工件滚花时，要防止顶弯工件。薄壁工件要防止变形。

④压力过大，进给量过慢，压花表面往往会滚出台阶形凹坑。

8.3.4　成型面的检测

成型面精度的检验项目主要是形状、尺寸和表面粗糙度三项。形状精度常用样板检验，球面除用样板外还可以用和球面直径相同的套环检验；尺寸精度用外径千分尺检验（见图 8-14）。

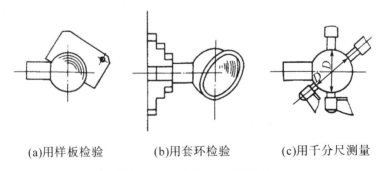

(a)用样板检验　　　(b)用套环检验　　　(c)用千分尺测量

图 8-14　检验球面测量的方法

车工工艺与技能训练

8.4 项目实施

任务编号：CG1-4-1	建议学时：2 学时
教学地点：	小组成员姓名：

一、任务工作（添加相关专业任务）

任务 1：说出车削成型面的方法有哪些？

任务 2：说出成型面的检测方法有哪些？

任务 3：加工完成图 8-15

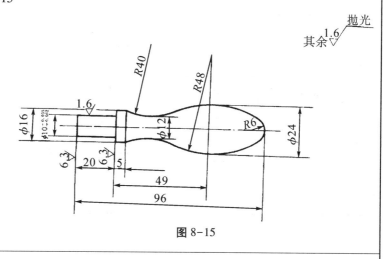

图 8-15

二、相关资源（添加需要的教学资源）

1.《机械加工》主编：李佳南　北京理工大学出版社　ISBN 978-7-5682-8005-7
（关键词查询相关网络资料）；

2. 进入网页 https://www.meihua.info/，浏览优秀创意作品

三、任务实施

1. 完成分组，4~6 人为一小组，选出组长；

2. 围绕成型面的车削，学生查询资料，进行整理和分析，提交报告；

3. 小组合作完成任务，选出代表进行汇报

四、任务成果

（一）任务完成过程简介（学生完成加工过程简述）

（二）任务创新点（学生完成加工过程简述）

多维创新点评价（自我评价、小组评价、老师评价）

（四）成果呈现

五、任务执行评价

任务评分标准

序号	考核指标	所占分值	备注	得分
1	完成情况	10	是否在规定时间内上交，等等	
2	内容	50	内容完成情况，等等	
3	质量	40	任务完成的质量，是否小组共同完成，等等	
总分				

指导教师：

日期：　　　年　　月　　日

项目九

综合实训

9.1 阶梯轴加工

9.1.1 实训目的

（1）掌握车削端面。

（2）掌握外圆的车削方法和尺寸控制。

（3）掌握轴向长度的控制方法。

（4）学会简单的轴类零件的工艺编制。

（5）学会切削用量的选择。

（6）学会看机械图纸。

（7）合理地选用车刀和选择车刀角度。

（8）掌握安全操作的步骤。

9.1.2 实训内容

用普通车床车削阶梯轴（见图9-1）。合理地选择精加工和粗加工的切削用量，利用大拖板刻度盘控制零件轴向长度，加工出合格的工件。

9.1.3 实训使用设备、工量具和材料

（1）配备三爪自动定心卡盘的普通车床。

（2）零件毛胚：钢制棒料 $\phi 16 \times 60$ mm。

（3）90°高速钢车刀，45°高速钢车刀和刀具高度调整垫片。

（4）游标卡尺、千分尺。

（5）换刀用扳手和卡盘扳手。

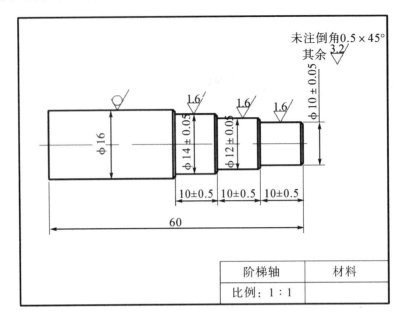

图9-1　阶梯轴

9.1.4　实训步骤

任务1：分析图样，确定工艺，编制加工工序（工步）卡（见表9-1）。

表9-1　加工工序（工步）卡

零件名称	编制人		审核	使用车床号
	姓名			
	班级			
工步号	工步内容	使用工量刀具	背吃刀量	进给量

任务2：加工操作。

（1）安全第一，必须严格按照车间、车床安全操作规范有步骤地进行操作。

（2）加工工件时，刀具和工件必须夹紧，否则会发生安全事故。

（3）刀具装夹时必须校准回转中心。

（4）注意工件的回转方向，否则会损坏刀具。

（5）工件装夹时，夹持部分应长短适度。

（6）加工时，加工余量要充分，边测量边加工。

任务3：工件检测和评分（见表9-2）。

表9-2　工件检测和评分

序号	检测项目		配置分数	实际尺寸	得分
1	∅10 外圆	外圆尺寸 IT	15		
2		粗糙度 Ra	10		
3		长度尺寸 IT	5		
4	∅12 外圆	外圆尺寸 IT	15		
5		粗糙度 Ra	10		
6		长度尺寸 IT	5		
7	∅14 外圆	外圆尺寸 IT	15		
8		粗糙度 Ra	10		
9		长度尺寸 IT	5		
10	∅10 端面	粗糙度 Ra	5		
11	其余	其余要求	5		
成绩					
学生签名：			实习指导 教师签名：		

任务4：分析总结（见表9-3）。

表9-3　分析总结

实习过程记录	
实习小结	
实习指导教师评定	签名：　　　　　　　　年　月　日

9.2 锥轴加工

9.2.1 实训目的

（1）掌握百分表的使用方法。

（2）掌握偏移小拖板的车削圆锥方法。

（3）掌握轴向长度的控制方法。

（4）学会带外圆锥轴类零件的工艺编制。

（5）学会切削用量的选择。

（6）学会看机械图纸。

（7）合理地选用车刀和选择车刀角度。

（8）掌握安全操作的步骤。

9.2.2 实训内容

使用普通车床车削带外圆锥的轴（见图9-2），合理地选择精加工和粗加工的切削用量，利用偏移小拖板法车削锥面，加工出合格的工件。

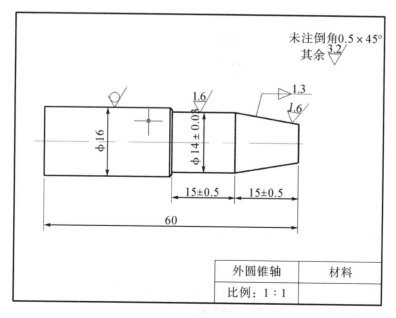

图9-2 带外圆锥的轴

9.2.3 实训使用的设备、工量具和材料

（1）配备三爪自动定心卡盘的普通车床。

（2）零件毛胚：钢制棒料 $\phi16\times60$ mm。

（3）90°高速钢车刀，45°高速钢车刀和刀具高度调整垫片。

（4）游标卡尺、外圆千分尺、百分表。

（5）换刀用扳手和卡盘扳手。

9.2.4 实训步骤

任务1：分析图样，确定工艺，编制加工工序（工步）卡（见表9-4）。

表9-4 加工工序（工步）卡

零件名称	编制人		审核	使用车床号
	姓名			
	班级			

工步号	工步内容	使用工量刀具	背吃刀量	进给量

任务2：加工操作。

（1）安全第一，必须严格按照车间、车床安全操作规范有步骤地进行操作。

（2）加工工件时，刀具和工件必须夹紧，否则会发生安全事故。

（3）刀具装夹时必须校准回转中心。

（4）注意工件的回转方向，否则会损坏刀具。

（5）工件装夹时，夹持部分应长短适度。

（6）加工时，加工余量要充分，边测量边加工，注意锥面尺寸控制。

任务3：工件检测和评分（见表9-5）。

表9-5　工件检测和评分

序号	检测项目		配置分数	实际尺寸	得分
1	ø14外圆	外圆尺寸IT	15		
2		粗糙度Ra	10		
3		长度尺寸IT	5		
4	圆锥面	锥度	30		
5		粗糙度Ra	10		
6		长度尺寸IT	5		
7	端面	粗糙度Ra	15		
8	其余	其余要求	10		
9					
10					
成绩					
学生签名：			实习指导教师签名：		

任务4：分析总结（见表9-6）。

表9-6　分析总结

实习过程记录	

表9-6(续)

实习 小结	
实习 指导 教师 评定	签名:　　　　　　　　　　　年　月　日

9.3　圆锥阶梯轴加工

9.3.1　实训目的

（1）熟悉百分表的使用方法。

（2）熟练掌握偏移小拖板的车削圆锥方法。

（3）掌握轴向长度的控制方法。

（4）学会带外圆锥综合轴类零件的工艺编制。

（5）学会切削用量的选择。

（6）学会看机械图纸。

（7）合理地选用车刀和选择车刀角度。

（8）掌握安全操作的步骤。

（9）掌握两次装夹的要求。

9.3.2　实训内容

使用普通车床车削带外圆锥的综合轴（见图9-3），合理地选择精加工和粗加工的切削用量，利用偏移小拖板法车削锥面，利用小拖板控制径向尺寸，加工出合格的工件。

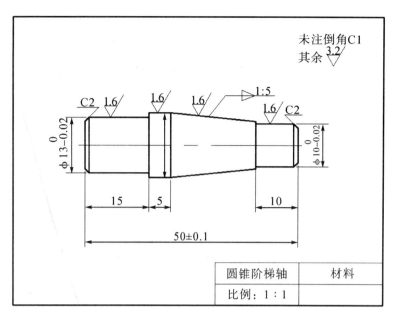

圆锥阶梯轴	材料
比例：1 : 1	

图 9-3　圆锥阶梯轴

9.3.3　实训使用设备、工量具和材料

（1）配备三爪自动定心卡盘的普通车床。

（2）零件毛胚：钢制棒料 ⌀16×52 mm。

（3）90°高速钢车刀，45°高速钢车刀和刀具高度调整垫片。

（4）游标卡尺、外圆千分尺、百分表。

（5）换刀用扳手和卡盘扳手。

9.3.4　实训步骤

任务 1：分析图样，确定工艺，编制加工工序（工步）卡（见表 9-7）。

表 9-7　加工工序（工步）卡

零件名称		编制人		审核	使用车床号
	姓名				
	班级				
工步号	工步内容		使用工量刀具	背吃刀量	进给量

项目九　综合实训

任务2：加工操作。

（1）安全第一，必须严格按照车间、车床安全操作规范有步骤地进行操作。

（2）加工工件时，刀具和工件必须夹紧，否则会发生安全事故。

（3）刀具装夹时必须校准回转中心。

（4）注意工件的回转方向，否则会损坏刀具。

（5）工件装夹时，夹持部分应长短适度。

（6）加工时，加工余量要充分，边测量边加工，注意锥面尺寸控制。

（7）注意两次装夹的定位并查看是否夹紧。

任务3：工件检测和评分（见表9-8）。

表9-8　工件检测和评分

序号	检测项目		配置分数	实际尺寸	得分
1	ø13 外圆	外圆尺寸 IT	10		
2		粗糙度 Ra	10		
3		长度尺寸 IT	5		
4	圆锥面	锥度	10		
5		粗糙度 Ra	10		
6		长度尺寸 IT	5		
7	ø15 外圆	粗糙度 Ra	10		
8	ø10 外圆	外圆尺寸 IT	10		
9		粗糙度 Ra	10		
10		长度尺寸 IT	5		
11	总长	长度尺寸 IT	10		
12	其余	其余要求	5		
成绩					
学生签名：			实习指导教师签名：		

任务4：分析总结（见表9-9）。

表9-9 分析总结

实习过程记录	
实习小结	
实习指导教师评定	签名：　　　　　　　　年　月　日

9.4　成型面及榔头加工

9.4.1　实训目的

（1）熟悉双手进给法车成型面。

（2）熟练掌握偏移小拖板的车削圆锥方法。

（3）掌握轴向长度的控制方法。

（4）学会综合轴类零件的工艺编制。

（5）学会切削用量的选择。

（6）学会看机械图纸。

（7）合理地选用车刀和车刀角度。

（8）掌握安全操作的步骤。

9.4.2　实训内容

使用普通车床车削加工榔头（见图 9-4），合理地选择精加工和粗加工的切削用量，利用偏移小拖板法车削锥面，利用双手进给法加工成型面，加工出合格的工件。

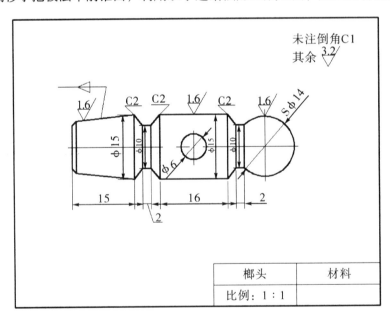

图 9-4　榔头

9.4.3 实训使用设备、工量具和材料

（1）配备三爪自动定心卡盘的普通车床。

（2）零件毛胚：钢制棒料 ø16×80 mm。

（3）90°高速钢车刀，45°高速钢车刀和刀具高度调整垫片。

（4）游标卡尺、外圆千分尺、百分表。

（5）换刀用扳手和卡盘扳手。

9.4.4 实训步骤

任务1：分析图样，确定工艺，编制加工工序（工步）卡（见表9-10）。

表 9-10　加工工序（工步）卡

零件名称		编制人	审核	使用车床号
	姓名			
	班级			

工步号	工步内容	使用工量刀具	背吃刀量	进给量

任务2：加工操作。

（1）安全第一，必须严格按照车间、车床安全操作规范有步骤地进行操作。

（2）加工工件时，刀具和工件必须夹紧，否则会发生安全事故。

（3）刀具装夹时必须校准回转中心。

（4）注意工件的回转方向，否则会损坏刀具。

（5）工件装夹时，夹持部分应长短适度。

（6）加工时，加工余量要充分，边测量边加工，注意锥面尺寸控制。

（7）注意两次装夹的定位并查看是否夹紧。

任务3：工件检测和评分（见表9-11）。

表9-11　工件检测和评分

序号	检测项目		配置分数	实际尺寸	得分
1	ø15 外圆	外圆尺寸 IT	10		
2		粗糙度 Ra	10		
3		长度尺寸 IT	5		
4	Sø14 球面	球面度	10		
5		粗糙度 Ra	10		
6		长度尺寸 IT	5		
7	ø10 外圆	粗糙度 Ra	10		
8	圆锥面	锥度	10		
9		粗糙度 Ra	10		
10		长度尺寸 IT	5		
11	其余	其余要求	15		
12					
成绩					
学生签名：			实习指导 教师签名：		

任务4：分析总结（见表9-12）。

表9-12　分析总结

实习 过程 记录	

表9-12（续）

实习小结	
实习指导教师评定	签名：　　　　　　　　年　月　日

9.5　手柄加工

9.5.1　实训目的

（1）熟悉滚花工艺。

（2）熟练掌握中拖板控制径向尺寸的方法。

（3）掌握轴向长度的控制方法。

（4）学会综合轴类零件的工艺编制。

（5）学会切削用量的选择。

（6）学会看机械图纸。

（7）学会转中心孔。

（8）掌握安全操作的步骤。

（9）掌握一夹一顶的装夹加工方法。

9.5.2　实训内容

使用普通车床车削榔头手柄（见图9-5），合理地选择精加工和粗加工的切削用量，利用大拖板刻度控制轴向长度，中拖板刻度控制径向尺寸，加工出合格的工件。

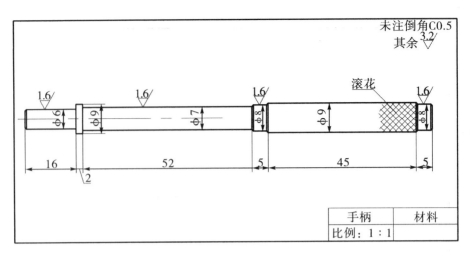

图 9-5　榔头手柄

9.5.3　实训使用设备、工量具和材料

（1）配备三爪自动定心卡盘的普通车床、顶尖。

（2）零件毛胚：钢制棒料 ø16×140 mm。

（3）90°高速钢车刀，45°高速钢车刀和刀具高度调整垫片。

（4）游标卡尺、外圆千分尺、百分表。

（5）换刀用扳手和卡盘扳手。

9.5.4　实训步骤

任务 1：分析图样，确定工艺，编制加工工序（工步）卡（见表 9-13）。

表 9-13　加工工序（工步）卡

零件名称	编制人		审核	使用车床号
	姓名			
	班级			

工步号	工步内容	使用工量刀具	背吃刀量	进给量

任务2：加工操作。

（1）安全第一，必须严格按照车间、车床安全操作规范有步骤地进行操作。

（2）加工工件时，刀具和工件必须夹紧，否则会发生安全事故。

（3）刀具装夹时必须校准回转中心。

（4）注意工件的回转方向，否则会损坏刀具。

（5）工件装夹时，夹持部分应长短适度。

（6）加工时，加工余量要充分，边测量边加工，注意锥面尺寸控制。

（7）注意两次装夹的定位和查看是否夹紧。

任务3：工件检测和评分（见表9-14）。

表9-14　工件检测和评分

序号	检测项目		配置分数	实际尺寸	得分
1	∅6外圆	外圆尺寸IT	10		
2		粗糙度Ra	10		
3		长度尺寸IT	5		
4	∅7外圆	锥度	10		
5		粗糙度Ra	10		
6		长度尺寸IT	5		
7	∅8外圆	粗糙度Ra	10		
8	∅9外圆	外圆尺寸IT	10		
9		粗糙度Ra	10		
10		长度尺寸IT	5		
11	总长	长度尺寸IT	10		
12	其余	其余要求	5		
成绩					
学生签名：			实习指导 教师签名：		

任务4：分析总结（见表9-15）。

表9-15　分析总结

实习过程记录	
实习小结	
实习指导教师评定	签名：　　　　　　　　　　年　月　日

9.6 螺纹轴加工

9.6.1 实训目的

（1）熟悉螺纹加工工艺。

（2）熟练掌握螺距的调整方法。

（3）掌握轴向长度的控制方法。

（4）学会综合轴类零件的工艺编制。

（5）学会切削用量的选择。

（6）学会看机械图纸。

（7）学会钻中心孔。

（8）掌握安全操作的步骤。

（9）掌握一夹一顶的装夹加工方法。

9.6.2 实训内容

使用普通车床车削螺纹轴（见图9-6），合理地选择精加工和粗加工的切削用量，利用倒顺车的方法车削螺纹，利用切断刀加工退刀槽，加工出合格的工件。

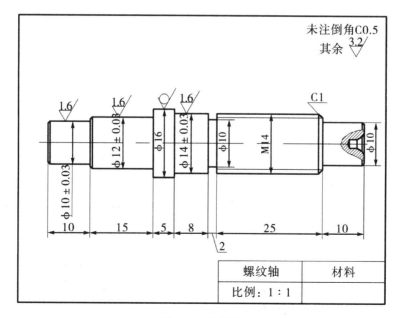

图 9-6　螺纹轴

9.6.3　实训使用设备、工量具和材料

（1）配备三爪自动定心卡盘的普通车床、顶尖。

（2）零件毛胚：钢制棒料 $\phi16×68$ mm。

（3）90°高速钢车刀，45°高速钢车刀和刀具高度调整垫片，切断刀。

（4）游标卡尺、外圆千分尺、百分表。

（5）换刀用扳手和卡盘扳手。

9.6.4　实训步骤

任务 1：分析图样，确定工艺，编制加工工序（工步）卡（见表 9-16）。

表 9-16　加工工序（工步）卡

零件名称	编制人		审核	使用车床号
	姓名			
	班级			
工步号	工步内容	使用工量刀具	背吃刀量	进给量

任务 2：加工操作。

（1）安全第一，必须严格按照车间、车床安全操作规范有步骤地进行操作。

（2）加工工件时，刀具和工件必须夹紧，否则会发生安全事故。

（3）刀具装夹时必须校准回转中心。

（4）注意工件的回转方向，否则会损坏刀具。

（5）工件装夹时，夹持部分应长短适度。

（6）加工时，加工余量要充分，边测量边加工，注意锥面尺寸控制。

（7）注意两次装夹的定位和查看是否夹紧。

任务 3：工件检测和评分（见表 9-17）。

表 9-17　工件检测和评分

序号	检测项目		配置分数	实际尺寸	得分
1	⌀10 外圆	外圆尺寸 IT	10		
2		粗糙度 Ra	10		
3		长度尺寸 IT	5		
4	⌀12 外圆	锥度	10		
5		粗糙度 Ra	10		
6		长度尺寸 IT	5		
7	⌀16 外圆	长度尺寸 IT	10		
8	⌀14 外圆	外圆尺寸 IT	10		
9		粗糙度 Ra	10		
10		长度尺寸 IT	5		
11	其余	其余要求	15		
12					
成绩					
学生签名：			实习指导教师签名：		

任务 4：分析总结（见表 9-18）。

表 9-18　分析总结

实习过程记录	

项目九　综合实训

表9-18(续)

实习 小结	
实习 指导 教师 评定	签名：　　　　　　　　　　年　月　日

9.7 综合轴加工

9.7.1 实训目的

(1) 熟悉螺纹加工工艺。

(2) 熟练掌握螺距的调整方法。

(3) 掌握轴向长度的控制方法。

(4) 学会综合轴类零件的工艺编制。

(5) 熟练选择切削用量。

(6) 学会看机械图纸。

(7) 熟练运用所学方法车削圆锥。

(8) 掌握安全操作的步骤。

(9) 掌握一夹一顶的装夹加工方法。

9.7.2 实训内容

使用普通车床车削综合轴（见图9-7）。合理地选择精加工和粗加工的切削用量，利用倒顺车的方法车削螺纹，利用切断刀加工槽，加工出合格的工件。

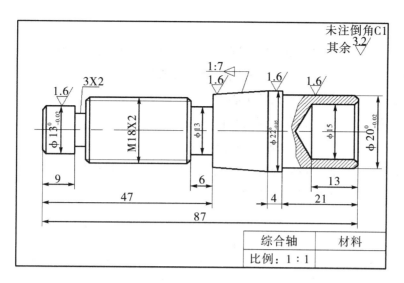

图 9-7 综合轴

9.7.3 实训使用设备、工量具和材料

（1）配备三爪自动定心卡盘的普通车床、顶尖。

（2）零件毛胚：钢制棒料 ø24×90 mm。

（3）90°高速钢车刀，45°高速钢车刀和刀具高度调整垫片，切断刀。

（4）游标卡尺、外圆千分尺、百分表。

（5）换刀用扳手和卡盘扳手。

9.7.4 实训步骤

任务1：分析图样，确定工艺，编制加工工序（工步）卡（见表9-19）。

表 9-19 加工工序（工步）卡

零件名称	编制人		审核	使用车床号
	姓名			
	班级			
工步号	工步内容	使用工量刀具	背吃刀量	进给量

项目九　综合实训

任务 2：加工操作。

（1）安全第一，必须严格按照车间、车床安全操作规范有步骤地进行操作。

（2）加工工件时，刀具和工件必须夹紧，否则会发生安全事故。

（3）刀具装夹时必须校准回转中心。

（4）注意工件的回转方向，否则会损坏刀具。

（5）工件装夹时，夹持部分应长短适度。

（6）加工时，加工余量要充分，边测量边加工，注意锥面尺寸控制。

（7）注意两次装夹的定位和夹紧。

任务 3：工件检测和评分（见表 9-20）。

表 9-20　工件检测和评分

序号	检测项目		配置分数	实际尺寸	得分
1	ø13 外圆	外圆尺寸 IT	10		
2		粗糙度 Ra	10		
3		长度尺寸 IT	5		
4	ø20 外圆	锥度	10		
5		粗糙度 Ra	10		
6		长度尺寸 IT	5		
7	M18	外圆尺寸 IT	10		
8	ø22 外圆	外圆尺寸 IT	10		
9		粗糙度 Ra	10		
10		长度尺寸 IT	5		
11	其余	其余要求	15		
12					
成绩					
学生签名：			实习指导教师签名：		

任务4：分析总结（见表9-21）。

表9-21　分析总结

实习过程记录	
实习小结	
实习指导教师评定	签名：　　　　　　　年　月　日